U0183985

前沿科学与先进技术 2022

中国科学技术发展战略研究院◎编著

科学技术文献出版社
SCIENTIFIC AND TECHNICAL DOCUMENTATION PRESS

·北京·

图书在版编目（CIP）数据

前沿科学与先进技术. 2022 / 中国科学技术发展战略研究院编著. — 北京：科学技术文献出版社，2023.3（2023.10重印）
ISBN 978-7-5189-9654-4

Ⅰ.①前… Ⅱ.①中… Ⅲ.①科学技术—发展—研究—世界 Ⅳ.① N11

中国版本图书馆 CIP 数据核字（2022）第 181131 号

前沿科学与先进技术2022

策划编辑：丁芳宇　　　责任编辑：张　红　　　责任校对：张永霞　　　责任出版：张志平

出　版　者　科学技术文献出版社
地　　　址　北京市复兴路15号　邮编 100038
编　务　部　(010) 58882938，58882087（传真）
发　行　部　(010) 58882868，58882870（传真）
邮　购　部　(010) 58882873
官 方 网 址　www.stdp.com.cn
发　行　者　科学技术文献出版社发行　全国各地新华书店经销
印　刷　者　北京虎彩文化传播有限公司
版　　　次　2023 年 3 月第 1 版　2023 年 10 月第 2 次印刷
开　　　本　787×1092　1/16
字　　　数　156千
印　　　张　12
书　　　号　ISBN 978-7-5189-9654-4
定　　　价　46.00元

《前沿科学与先进技术 2022》
研究组

组　长	刘冬梅　张　旭
副组长	孙福全　许　晔
成　员	许　晔　朱　姝　王　超
	谢　飞　尹志欣　韩秋明
	李　昊

前　言

　　进入 21 世纪以来，全球科技创新进入空前密集活跃的时期，新一轮科技革命和产业变革正在重构全球创新版图、重塑全球经济结构。以人工智能、量子信息、移动通信、区块链为代表的新一代信息技术加速突破应用，以合成生物学、基因编辑、脑科学、再生医学等为代表的生命科学领域孕育新的变革，融合机器人、数字化、新材料的先进制造技术正在加速推进制造业向智能化、服务化、绿色化转型，以清洁高效可持续为目标的能源技术加速发展将引发全球能源变革，空间和海洋技术正在拓展人类生存发展新疆域。

　　面向世界科技前沿，就是要把握世界科技发展的先进理念，立足我国科技发展现状，确定找准实现高水平科技自立自强的重点突破方向。只有明确路径，找对方向，才能在源头上加快发展推动我国生产力进步的先导技术和前沿技术。

　　面向世界科技前沿，就必须紧抓科技发展的渐进性与跨越性，锚定"非对称"赶超战略。面向世界科技前沿，还必须洞悉科技发展的独立性与互补性，实现关键核心技术自主可控。面向世界科技前沿，更必须观照科技发展的世界性与民族性，用好国际国内两种科技资源。

　　《前沿科学与先进技术 2022》是中国科学技术发展战略研究院自 2021 年 6 月前沿科学与先进技术发展研究所成立以来，首次推出的前沿科技发展战略研究报告。主要包括两大部分内容：一是领域发展趋势；二是重点前沿技术发展趋势。其中，领域发展趋势重点对信息领域、生物技术领域和先进能源领域的发展趋势进行了分析；重点前沿技术发展趋势选择对量子计算、5G 移动通信、RNA 疫苗、人工智能药物研发、海上风力发电、氢能、深海探测、农业机器人的全球发展状况和发展趋势进行了重点分析。

《前沿科学与先进技术 2022》得到了各级领导和同行的关心与支持，感谢科技部战略规划司对本研究的指导和支持，感谢中国科学院成都文献情报中心、中国科学院上海营养与健康研究所和北京邮电大学在研究过程中给予的技术支持。让我们共同关注世界科技前沿，把握前沿技术的发展趋势和方向。

《前沿科学与先进技术 2022》研究组

2022 年 10 月

目 录

第一篇　领域发展趋势

第二篇　重点前沿技术发展趋势

第一篇

领域发展趋势

第一章　信息技术领域发展趋势

信息技术领域是当今创新最为活跃、应用范围最广、影响力最大的科技领域之一。网络与通信、人工智能、先进计算、集成电路、网络空间安全等重要方向，构成了信息技术领域发展的主体并日益相互融合，深刻改变着人类的生产和生活方式，呈现新的发展趋势。

全球知名咨询公司高德纳（Gartner）估算，2021 年全球信息技术总支出可达 4.1 万亿美元，同比增长 8.4%；2022 年全球信息技术总支出预计达到 4.4 万亿美元，相比 2021 年增长 7.3%。

一、网络与通信呈现人网物融合趋势

网络与通信呈现人网物融合、空天地一体的发展新趋势。网络与通信是支撑全社会、全行业、全生态运行的重要基础设施，具有产业渗透性广泛、技术创新性活跃、经济带动性强劲等重要特征，是推动数字经济与实体经济融合发展的重要驱动力。

移动互联网的发展使智能手机等移动终端占比已经超过了互联网接入占比的 80%。据瑞典爱立信公司测算，截至 2021 年年底，全球 5G 用户数量达到 5.8 亿，是 2020 年 2.2 亿的 2 倍多。截至 2021 年，全球已有超过 160 家服务提供商推出了 5G 服务，并且有 300 余款支持 5G 的手机面世。预计到 2026 年年底，全球 5G 用户将达到 35 亿，约占所有入网用户的40%。随着 5G 商用规模的不断扩大，各国愈发重视 5G 的安全问题。

从技术发展趋势来看，网络与通信技术正向着超大带宽、超低时延、超低功耗、超大规模、高度智能化的方向发展。在无线网络通信方向，移动互联网、智能物联网等领域的高带宽、低时延、多设备接入的需求愈发明显，相关产业部署进程加快，推动了新型无线通信与组网技术的能力突破。在光通信网络方向，随着全光网络、超大规模云数据中心和 6G 的大力发展，光通信网络将在光网络交换、光传输和光接入方面持续创新发展。在核心网络方向，基础承载网络开始步入"后 IP"时代，突破 TCP/IP 协议局限，发展安全可信、可管可控、宽带融合、高效扩展的新型基础承载网络技术成为业界共同努力的方向。

网络空间、物理空间与社会空间将深度融合，人类行为进一步向网络空间迁移，并不断开拓新的应用空间。随着移动互联网技术的发展，以及智能手机、智能传感器、自动驾驶汽车、智能家居等终端的普及，自然世界和人类社会的很多传统功能，如购物、教育、医疗和办公等，将不断向虚拟空间转移。以人网物融合为特征的万物互联将取代传统意义上的互联网，成为未来网络基础设施的主体。人类的行为方式也将发生革命性的变化，以"元宇宙"等为代表的新型数字生活空间将带给人们全新的生活体验。

平面空间向立体空间不断延展，网络正在向空天地一体化的形态演变，空天地海信息网络将传统的地面蜂窝网络分别与卫星通信和深海远洋通信体系融合，覆盖外太空、地球空间、陆地、海洋等自然空间，为空天地海等各类用户活动提供网络信息服务基础设施。

从国外网络与通信发展来看，自 2020 年以来，美国就力推 Open RAN 技术，并牵头成立 Open RAN 政策联盟，倡导推动建立"开放和可互操作"的 5G 网络架构。美国国会还将 Open RAN 技术纳入国家网络与通信发展相关政策。美国能源部于 2021 年 8 月宣布为量子基础设施和研究项目提供 6100 万美元的资金，以推进量子信息科学研究。其中，2500 万美元用于创建量子互联网测试平台，包括基础模块、设备、协议和技术的开发；600 万美元用于开发量子路由设备。

英国数字化、文化、媒体和体育部（DCMS）于 2021 年 7 月启动"未来无线接入网竞赛计划"，拨款 5100 万英镑助力 Open RAN 技术开发，计划到 2030 年实现全国 35% 的移动网络流量通过 Open RAN 承载。

日本政府于 2021 年 3 月发布《科学技术创新基本计划（2021—2025年）》，其核心目标是"如何通过科技创新政策实现社会 5.0"，将投入 30 万亿日元（约合人民币 1.72 万亿元）支持研发。聚焦变革为可持续的强韧性社会，通过网络空间与物理空间的融合，发展超级计算、超越 5G（Beyond 5G）等下一代基础设施和技术。日本总务省 MIC 于 2021 年 12 月宣布在 2022 年建设广域试验网，都科摩公司（NTT DoCoMo）、乐天移动（Rakuten Mobile）、日本电气公司（Nippon Electronic Company，NEC）等计划参与合作，旨在开发建设基站的通用设备，以降低成本并推动日本通信企业扩大业务。

此外，欧盟委员会还于 2021 年 7 月发布公告称，全部 27 个欧盟成员国都已承诺与欧盟委员会和欧洲航天局合作，共同建设欧洲量子通信基础设施 EuroQCI，即一个覆盖整个欧盟的安全量子通信基础设施。

二、人工智能赋能应用新模式

人工智能向深层次发展，"智能 +"赋能应用新模式。人工智能是新一轮科技革命和产业变革的重要驱动力，是引领人类社会快速迈向智能时代的战略性技术。人工智能的突破性发展，将不断改变人类的生活和生产方式。

从技术发展趋势来看，得益于当前大数据、大算力和深度学习算法的共同驱动，人工智能正从专用智能向通用智能方向发展，探索智能本质和智能形成机制，推动人工智能向深层次发展。机器智能将向人机混合智能方向发展，通过人机混合实现优势互补、人机协作等多种智能模式融合的技术，将拥有广阔的应用前景。

类脑智能、信息智能、博弈智能等不同技术路线都表现出较强的发展潜力。类脑智能是受脑科学启发，研究智能内在机制的人工智能，具备信息处理机制上类脑、认知行为表现上类人、智能水平上达到或超越人的特点。类脑智能呈现 3 个层次的发展趋势，即结构层次模仿脑、器件层次逼近脑、功能层次超越脑[①]。信息智能是指不依赖注释，自动学习数据间的关系，从数据中生成标签。博弈智能是指智能体与环境交互，智能体执行动作，环境返回奖励。

"智能 +"赋能模式将成为未来相当长一个时期人工智能的重要应用模式。人工智能系统规模的持续扩大，超级语言模型、多模态 AI 预训练大模型、自监督语音处理模型等的推出，大幅拓展了人工智能的应用能力。人工智能产业的蓬勃发展，将催生全产业的智能化变革，推动智能制造、智能农业、智能医疗、智能零售等传统行业的转型升级。"智能 + 医疗"让看病变得更加便捷轻松，远程医疗系统将大大加强医疗服务的可及性。通过基因预测发现健康人的基因缺陷，可提早警示健康风险。通过医疗大数据建立的病症模型，可帮助医生快速诊断病情，实现准确诊疗。"智能 + 制造"将实现制造业人、机、物的全要素、全产业链、全价值链的全面连接，帮助制造商优化生产过程，提高产能，可推动实现数据驱动、软件定义、平台支撑、服务增值、智能主导的制造新模式。"智能 + 教育"将利用互联网及智能化的技术手段，把优质的教育资源同步到贫困山区，有效推动城乡教育均衡发展，消除贫困代际传递，消除城乡教育鸿沟，促进教育公平。

人工智能伦理与规范问题引起社会的广泛关注。随着人工智能技术在私人生活领域的应用，确保私人数据不被泄露且得以妥善保存成为一个重要问题。发展"可信人工智能"，确保人工智能的公平性、可解释性和透明性，克服性别和种族偏见、个人隐私和尊严威胁等挑战，成为未来人工智能发展的关键。

从国外人工智能发展来看，世界主要大国均高度重视人工智能发展。一方面，认识到人工智能在整个信息技术大厦中的支柱性地位；另一方面，

① 王冲.类脑智能：人工智能发展的另一条路径 [J].科学中国人，2019（6）：72–73.

意识到新智能产生方式对传统信息技术生态的颠覆性影响。

美国白宫科技政策办公室于 2021 年 1 月宣布成立国家人工智能计划办公室（National Artificial Intelligence Initiative Office），主要职能是监督和实施美国国家人工智能战略，以进一步推动美国人工智能的进步。美国人工智能国家安全委员会于 2021 年 3 月发布《国家安全委员会关于人工智能的最终报告》（*Final Report：National Security Commission on Artificial Intelligence*），指出美国必须立即采取行动，部署人工智能系统，并在人工智能创新上投入大量资源，以保护美国安全、促进美国繁荣、维护民主未来。报告提出了 60 多项建议，并认为美国需要在 2022—2032 财年中投入超过 2000 亿美元。美国政府问责局于 2021 年 7 月为联邦政府机构和其他组织机构发布了人工智能问责框架，以确保人工智能的负责、公平、可靠、可追溯和可治理。该问责框架由 4 个部分组成，包括治理、数据、性能和监控。

欧盟于 2021 年 4 月发布《人工智能协调计划 2021 年修订版》，旨在协调各成员国行动，共同实现欧盟占据人工智能全球领导地位的目标，并提出四大重点发展方向，包括创造能够推动人工智能发展与应用的使能环境，推动人工智能卓越发展实现从实验室到市场的有序衔接，确保以人为本的人工智能成为社会进步的驱动力量，在人工智能具有重大影响的领域占据战略领导地位。欧盟于 2021 年 4 月发布《关于人工智能的统一规则》，按照风险级别将人工智能技术及其应用分为 4 类：一是具有不可接受风险的技术，应被禁止；二是高风险技术，在进入市场前需施行风险评估、使用高质量数据集测试、提供详细记录文件等保护措施；三是聊天机器人等风险有限的系统，需履行透明披露义务；四是视频游戏等风险最低的应用程序，法规不予干预。

英国于 2021 年 9 月首次发布《国家人工智能战略》，以建立英国在人工智能方面的领导地位。战略围绕 3 个支柱构建：一是投资和规划人工智能生态系统的长期需求；二是支持向人工智能经济转型，并确保人工智能惠及所有行业和地区；三是确保英国在本国及国际的人工智能治理中鼓励创新、投资并维护基本价值观。

俄罗斯人工智能联盟联合俄罗斯联邦储蓄银行、俄罗斯天然气公司等组织，于 2021 年 10 月在莫斯科举行首届"人工智能伦理：信任的开始"国际论坛，签署了人工智能道德规范文件，内容包括加速人工智能发展、提高人工智能使用道德意识、识别与人交流的人工智能和信息安全等主题。

德国联邦政府于 2020 年 12 月更新了已发布两年的《联邦政府人工智能战略》，从人工智能专业人才、研究开发、技术转移和应用、监管框架和社会认同等方面提出未来的新举措。同时提出，到 2025 年，德国联邦政府对人工智能的投入将由 30 亿欧元增至 50 亿欧元。

联合国教科文组织（The United Nations Educational, Scientific and Cultural Organization, UNESCO）于 2021 年 11 月正式通过了首份 AI 伦理全球框架协议——《AI 伦理建议书》（*Recommandation on the Ethics of Artificial Intelligence*），用以指导 193 个成员方建立必要的法律框架，确保 AI 技术的良性发展，推动其为人类、社会、环境及生态系统服务，并预防潜在风险。

三、量子计算影响力逐渐增强

先进计算内涵不断扩展，量子计算影响力逐渐增强。先进计算融合了计算、存储、网络和控制等技术，是面向未来的计算技术，是新一代信息技术产业的核心和基石，是解决国家经济建设、社会发展、科技进步、国家安全一系列重大挑战性问题的重要手段。随着摩尔定律的作用及宽带通信技术的发展，先进计算的内涵不断扩展，支撑着高性能计算、云计算、大数据、人工智能等多种计算模式与应用。计算能力有望替代热力、电力，成为拉动数字经济向前发展的新动能和新引擎。

从技术发展趋势来看，先进计算发展方向大致可分为两类：一是对现有技术和架构的不断优化升级，如 E 级超算、云计算、大数据计算、深度学习、人机物融合计算等；二是对传统计算技术和架构的颠覆性创新，如超导量子计算、类脑计算、光子计算、新型变革性器件等。

通用处理器继续按照摩尔定律演进，以 Intel、AMD 为主的基于 X86 指令集的处理器仍将占据主要市场。存储系统在新材料的推动下不断更新换代，云存储开始取代企业存储，存内计算研究已经兴起。系统软件向云—端两级发展，虚拟化技术将成为基础性技术。开源和众包正成为主流开发模式，软件定义的世界正在形成。软件的可信性、安全性要求进一步提升。分布式计算正由中心能力集聚向边缘融合扩充发展。

超级计算机性能增速逐步趋缓，预计将从每 10 年 1000 倍降低到每 10 年 100 倍，甚至更低。随着系统规模持续增大，高性能计算机的研制和使用面临若干技术挑战。例如，能耗问题或者能效比问题将制约 HPC 性能的进一步提升，持续增大的系统规模和日益复杂的系统结构将带来可靠性风险，存储器的发展难以支撑计算速度的快速提高，以及应用软件可管理性和可编程性难度加大等。

人工智能与高性能计算深入融合的契机显现。人工智能需要强大计算能力的支持，而超级计算机在计算能力、通信能力、存储能力和输入输出能力上都采用了当前最先进的技术，能够充分支撑重型人工智能训练任务。

以量子计算、超导器件 / 超导计算机、生物计算为代表的非传统新兴计算技术已经取得很多研究进展。基于当前全球量子计算研究态势，如果没有重大理论技术创新，短期内很难真正实现具有容错能力的通用量子计算机，但是能够展示量子加速效应的专用量子计算机有可能在 3 ～ 5 年内问世，并将在一些实际问题的求解中展现出应用潜质，代表新兴计算模式的量子计算影响力将逐渐增强。

元宇宙概念不断升温，科技巨头纷纷加快布局。2021 年，游戏商 Roblox 在上市首日，市值即突破 400 亿美元。与元宇宙相关的技术，如 XR、数字孪生、人工智能等备受关注。美国社交媒体巨头 Facebook 于

2021 年 10 月正式更名为 Meta，宣告该公司将迎接元宇宙时代的到来，进一步扩展其在线社交和游戏等业务。英伟达宣布推出服务于工程和艺术行业的元宇宙协作平台。日本社交平台 GREE 也开展元宇宙业务。

从国外先进计算发展来看，2021 年，美国在量子研究、合作和劳动力培养等方面提出多项法案。美国众议院于 2021 年 3 月提出《量子用户扩展法案》《量子网络基础设施法案》，要求美国能源部在量子计算和量子通信方面加强合作，提高研究能力，提升美国在量子信息科学领域的领导力。美国参议院议员提出《量子网络基础设施和劳动力发展法案》《2021 年国家安全法案》，旨在加强联邦研究工作和机构间的协调，并重视量子信息技术教育和劳动力培养。

英国政府于 2021 年 7 月发布主旨为"创造未来，引领未来"的《创新战略》，核心愿景是到 2035 年使英国成为全球创新中心。明确了未来英国将要重点发展的七大关键技术群，包括先进材料与先进制造，人工智能、数字化与先进技术，生物信息学与基因组学，生物工程，电子、光子与量子，能源与环境技术，机器人和智能机器人。

德国政府于 2021 年 3 月发布《量子系统议程 2030》，明确了德国未来发展量子技术的优先研究领域和主要挑战，确定了五大重点主题，包括量子计算和量子仿真，量子通信，量子测量和传感器系统，集成量子平台和使能技术，建议、培训、科普、合作和连接等配套措施，涉及从基础研究到市场应用的整个创新链。

日本内阁 IT 综合战略本部于 2021 年 6 月发布《综合数据战略》，旨在构建保障数据安全、放心、高效利用的机制，确保世界各国和日本的数据能够可靠、顺畅地流动与利用，并最终将日本打造成世界数据中心。

四、集成电路进入超越摩尔时代

集成电路逐渐进入超越摩尔和光电融合时代。集成电路（芯片）是衡量一个国家综合实力的重要标志之一，是信息产业的核心。集成电路产业是支撑现代经济社会发展的战略性、基础性和先导性产业，以集成电路为核心的微电子与光电子芯片技术被认为是信息社会发展的驱动器。

微电子芯片将从当前长期遵循摩尔定律的快速发展阶段，演变到后摩尔时代和超越摩尔时代的多维度、多层次发展新阶段。人工智能、物联网和 5G 等新兴技术及产业加速涌现，使得微电子技术转变为以应用驱动为导向，包括寻求微系统设计、集成和架构的创新方法，开发软硬件创新设计方法等，同时，以新材料、新器件和新工艺为技术推进方向，如二维材料、神经形态器件及自旋电子器件等的前瞻性探索等。目前，集成电路发展正处于技术变革关键期，亟待打破材料、器件、工艺和架构壁垒，微电子芯片将呈现传统硅基芯片与其他新型器件芯片并存的局面。

光电子与微电子融合及混合集成技术将成为重要的发展趋势。随着信息技术发展对小尺寸、高速率、低功耗和智能化技术的需求，光电子器件也将朝着超高速、集成化与智能化的方向发展。光电子与微电子融合及混合集成技术的发展将满足光电子器件低功耗、小尺寸的发展需求。此外，智能光电子技术的发展将可实现在光域内直接进行信号处理。多维与全息光子调控技术的发展将可满足复杂业务和通信带宽的需求等。

从国外集成电路发展来看，2022 年 8 月 9 日，美国总统拜登正式签署《2022 年芯片与科学法案》(CHIPS and Science Act of 2022，简称《芯片与科学法案》)，这项法案涉及 2800 亿美元政府拨款。其中，在芯片问题上，美国政府宣布将对本土芯片产业提供 527 亿美元的资金支持，以确保美国在芯片领域的世界领先地位，同时，强调要对中国实施更加严格的芯片禁运。2021 年 6 月，美国通过了《2021 财年美国创新与竞争法案》(The United States Innovation and Competition Act of 2021)，拟拨款 520 亿美元补贴美国本土芯片生产。

2021 年 3 月，欧盟发布《数字罗盘 2030：欧洲的数字十年之路》，明确了欧盟未来的数字化转型方向，发展可信赖、高效和可持续的数字基础设施等，提出到 2030 年欧盟生产的尖端、可持续半导体产业产量至少占全球总产值 20% 的战略目标，旨在到 2030 年使欧洲建成以人为本、可持续、繁荣和富有韧性的数字社会。

韩国政府于 2021 年 5 月发布《K-半导体战略》，提出要努力"打造世界最强的半导体供应链"，构建"K-半导体产业带"，加大半导体基础设施建设，夯实半导体技术发展基础，提升半导体产业危机应对能力，到 2030 年将半导体年出口额增加到 2000 亿美元，并将相关就业岗位增至 27 万个。韩国政府于 2020 年 10 月发布《人工智能半导体产业发展战略》，提出到 2030 年要实现人工智能半导体强国目标，并确立两大重点发展方向，包括注重引领型创新技术与人才的培养，加强创新型产业生态系统的构建。

日本政府于 2021 年 6 月发布《半导体数字产业战略》，对日本半导体、数字基础设施及数字产业进行了综合部署，明确以扩大日本国内半导体生产能力为主要目标，提出要加强与海外合作，加大数字领域投资，促进绿色创新和优化日本国内半导体产业布局。

2010 年 11 月，加拿大半导体委员会发布《2050 年路线图：加拿大半导体行动计划》报告，旨在将加拿大转变为全球半导体市场的领导者。报告借鉴了 100 多个行业利益相关者的见解，强调了加拿大应发展具有韧性的半导体行业，以推动经济增长潜力，提出了加强和多元化供应链，发展本土芯片制造业，为加拿大塑造独特的专业化能力和品牌形象，促进创新、支持市场发展 4 个方面的建议，以构建加拿大半导体产业。

五、网络空间安全保障能力面临新挑战

网络空间安全保障能力成为各国面临的挑战。网络空间安全具有关键共性、颠覆前沿和基础核心的技术特点，正日益成为各国战略竞争的制高点。维护网络空间安全对维护国家政治安全和社会稳定、保障国家关键基础设施安全、保护公民个人隐私数据安全等具有重要的战略意义。

从技术发展趋势来看，为了提高网络空间安全保障能力，世界各国都十分重视加强系统安全技术研究，不断深化对关键信息基础设施的安全保护，同时更加重视新兴技术应用所带来的网络安全保障问题。

系统安全技术研究。随着网络空间系统漏洞的层出不穷，漏洞的挖掘和发现成为网络空间安全的核心技术之一。采用软件定义的安全形式动态灵活地定义网络功能和架构，使多种网络安全技术形成综合防御能力，正在成为保障网络系统安全的重点研究方向。

关键信息基础设施保护技术研究。为了使基础设施和数据免遭网络攻击，阻止网络窃取知识产权等事件的发生，世界各国都在优先发展数据科学、加密技术、自动化技术、人工智能等前沿技术，以改进和加强网络关键信息基础设施的安全性。

新兴技术应用带来的网络安全问题研究。面对区块链、5G 等新兴技术发展，以及车联网、"互联网 +"的广泛应用，相关安全保障技术研究也在同步开展。区块链融合 P2P 网络、密码学等多种技术，在共识机制、博弈论应用等方面进行了突破式创新，提供了电子货币等数字化资产在互联网环境中不依赖中介、可靠传递的新方法，但其在技术机制、使用安全及应用生态方面仍存在不可忽视的风险。此外，5G/6G 的新型网络架构、业务形式、高密度流量等新兴技术应用所带来的网络安全问题，也是当前需要解决的重点问题。

从国外网络空间安全发展来看，美国一直不断加速在网络空间的战略部署和技术布局，夯实其在网络空间安全方面的绝对优势。2021 年 3 月，美国白宫发布《国家安全战略临时指南》(*The Interim National Security Strategic Guidance*)，将"网络安全和数字威胁"确定为美国和全球安全的重中之重。根据该指南，拜登政府将利用新兴技术，提升美国的国家安全和经济竞争能力，并在全球范围内推广自身价值观，同时改善美国在网络空间中的行动能力、战备状态和应变能力。美国网络安全与基础设施安全局（Cybersecurity and Infrastructure Security Agency，CISA）于 2021 年 11 月发布新版《网络事件和漏洞响应手册》（*Cybersecurity Incident & Vulnerability Response Playbooks*），为联邦机构应对网络漏洞及安全事件制定操作程序和行动方针。

2021 年 3 月，欧盟理事会通过"数字十年"（Digital Decade）网络安全战略，将采取的行动包括：在欧盟建立安全运营中心网络，以监控和预测网络攻击信号；成立网络情报小组等。2021 年 4 月，欧盟理事会宣布在罗马尼亚布加勒斯特成立"欧洲网络安全工业、技术和研究能力中心"，该中心将与欧盟成员国合作，汇集包括工业、学术和研究等领域的主要利益相关者，提高欧盟关键网络和信息系统的安全性。

世界经济论坛于 2020 年 11 月发布《网络安全、新兴技术与系统性风险》报告，指出互联网设备和网络、人工智能、量子技术、数字身份等技术的复杂性、发展速度、规模和相互依赖程度的不断增加，将有可能给全球带来系统性的安全风险，因此，从综合层面为政府、行业、学术研究和国家社会提出了 15 项建议，包括：安全相关的研究部门应开发新模式和新的信息共享框架，提供态势感知，实现实时和自动化保护等；行业和政府部门应注重掌握工具，决定如何最好地为新出现的风险做好准备等；国际社会应制定政策进行干预，各国需加强合作，提供公平的网络安全能力等。

英国政府于 2021 年 12 月发布《国家网络空间战略》，计划到 2030 年不断加强网络能力建设，减少网络风险，使英国成为最安全宜居和最具投资吸引力的数字经济体之一，并在未来技术变革中居于世界前列。

2021 年 3 月，俄罗斯修订《个人数据法》（*The Law on Personal Data*），以完善其保护数据主体权利和自由的机制。根据该修正案，个人数据的匿名化只能在获得个人同意的情况下或者在俄罗斯联邦法律规定的其他情况下才能进行。

（执笔人：许　晔）

第二章　生物技术领域发展趋势

当前，新一轮科技革命和产业变革正在重塑世界，全球竞争格局和治理体系发生深刻变革。近年来，生物科技突飞猛进，前沿技术不断取得突破，生物产业规模不断壮大。新冠肺炎（COVID-19）疫情使各国认识到生物安全的严峻形势，纷纷加快加大对生物技术与产业的投入，生物经济时代正在加速到来。

一、前沿生物技术不断取得突破

（一）基因技术

基因组测序、基因组编辑等生物技术工具发展持续迭代提速，推动技术应用向精准高效和规模化方向发展。美国加州大学伯克利分校研究者开发了新测序方法 CiBER-seq，突破性地实现细胞中数百个基因表达同时检测[①]。我国西湖大学卢培龙研究员与华盛顿大学 David Baker 团队等合作，在世界上首次实现跨膜孔蛋白的精确从头设计[②]。美国约翰·霍普金斯大学研究者开发出光诱导控制基因编辑技术 vfCRISPR，将基因编辑的精确度

---

① MULLER R，MEACHAM Z A，FERGUSON L，et al. CiBER-seq dissects genetic networks by quantitative CRISPRi profiling of expression phenotypes[J]. Science，2020，370（6522）：9662.
② XU C，LU P，EL-DIN T，et al. Computational design of transmembrane pores[J]. Nature，2020，585（7823）：1-6.

提升至前所未有的高度[①]。博德研究所刘如谦团队开发了 DddA 衍生胞嘧啶碱基编辑器 DdCBE，为人类线粒体基因组研究提供新工具[②]。英国弗朗西斯·克里克研究所和肯特大学开发出可让小鼠产生全部雄性或全部雌性的 CRISPR–Cas9 方法。美国博德研究所开发出"先导编辑"的新版本 twinPE，可将人类细胞中可编辑的基因长度从几十对碱基扩展至数千对。中国香港大学研发出利用 CRISPR–Cas 系统编辑超级细菌的新方法，为抗击超级细菌带来新希望。在干细胞领域，中美科学家将人类干细胞注射到食蟹猴胚胎中，从而培育出的首个人猴"杂交"胚胎存活近 20 天；荷兰研究人员利用干细胞在培养皿中培育出"会流泪"的微小人造泪腺。

（二）脑科学与人工智能

生物与人工智能、新一代信息技术、自动化技术等交叉融合、相互促进，不断催生前沿重大颠覆性创新。美国伊利诺伊大学研究人员开发的"打孔卡"DNA 存储方法显著降低写入延迟，增加测读精度，有望实现更低成本、更大容量的 DNA 存储[③]。美国能源部布鲁克海文国家实验室利用 DNA 自组装方法成功制造了 3D 纳米超导体，将在量子计算和传感中发挥重要作用[④]。美国佛蒙特大学和塔夫茨大学团队合作利用"深绿"超级计算机设计，将青蛙细胞组装成全新生命形式，创造了世界上第一个毫米级活体可编程机器人 Xenobots，实现了人类破解"形态学代码"的重要一步[⑤]。美国

---

① LIU Y, ZOU R S, HE S, et al. Very fast CRISPR on demand[J]. Science, 2020, 368（6496）: 1265–1269.

② MOK B Y, MORAES M, ZENG J, et al. A bacterial cytidine deaminase toxin enables CRISPR–free mitochondrial base editing[J]. Nature, 2020（583）: 631–637.

③ TABATABAEI S K, WANG B, ATHREYA N, et al. DNA punch cards for storing data on native DNA sequences via enzymatic nicking[J]. Nature communications, 2020, 11（1）: 1742–1751.

④ SHANI L, MICHELSON A N, MINEVICH B, et al. DNA–assembled superconducting 3D nanoscale architectures[J]. Nature communications, 2020, 11（1）: 5697–5683.

⑤ KRIEGMAN S, BLACKISTON D, LEVIN M, et al. A scalable pipeline for designing reconfigurable organisms[J]. Proceedings of the national academy of sciences, 2020, 117（4）: 1853–1859.

BrainGate 团队开发出全新"无线脑机接口"系统，首次实现脑机信号无线高宽带传输；美国 Neuralink 公司将其脑机接口设备植入猕猴大脑，使其通过大脑意念控制电脑游戏；韩国科学家开发出由智能手机控制、体外无线充电的软脑植入物，实现大脑神经元的实时控制。2022 年 7 月，DeepMind 公司与欧洲生物信息研究所（EMBL-EBI）的合作团队公布了生物学领域的一项重大飞跃，他们利用人工智能系统 AlphaFold 预测出超过 100 万个物种的 2.14 亿个蛋白质结构，几乎涵盖了地球上所有已知蛋白质。这一突破将加速新药开发，并为基础科学带来全新革命。

（三）工业生物技术与合成生物学

生物质原料向多样化高值产品转化取得重大进展。中国工程院院士谭天伟和瑞典查尔姆斯理工大学教授 Jens Nielsen 合作提出利用大气 CO_2 及绿色清洁能源（光、废气中的无机化合物、光电、风电等）进行绿色生物制造的"第三代生物炼制"概念[①]；德国马普学会陆地微生物学研究所开发了一种人造叶绿体自动化组装平台，首次实现人类在人工叶绿体内将 CO_2 转化为多碳化合物的重大进展[②]；英国剑桥大学研究人员开发了一种可以将阳光、CO_2 和水转换成氧气和甲酸的方法[③]；日本理化学研究所研究者利用海洋光合细菌建立可持续的细胞工厂，成功稳定大量生产蛛丝蛋白[④]；瑞士伯尔尼应用科技大学等的研究者利用微生物群落降解木质纤维素，将复杂底

① LIU Z, WANG K, CHEN Y, et al. Third-generation biorefineries as the means to produce fuels and chemicals from CO_2[J]. Nature catalysis, 2020, 3（3）: 274-288.

② MILLER T E, T BENEYTON T, SCHWANDER T, et al. Light-powered CO_2 fixation in a chloroplast mimic with natural and synthetic parts[J]. Science, 368（6491）: 649-654.

③ WANG Q, WARNAN J, RODRÍGUEZ-JIMÉNEZ S, et al. Molecularly engineered photocatalyst sheet for scalable solar formate production from carbon dioxide and water[J]. Nat energy, 2020（5）: 703-710.

④ FOONG C P, HIGUCHI-TAKEUCHI M, MALAY A D, et al. A marine photosynthetic microbial cell factory as a platform for spider silk production[J]. Communications biology, 2020, 3（1）: 357-364.

物直接转化为短链脂肪酸[①]。相关研究为缓解能源、水和粮食危机，解决固体废物和全球变暖问题提供了可行的解决思路。在合成生物学领域，中国农业科学院与北京首朗生物技术有限公司全球首次实现从一氧化碳到蛋白质的一步合成，并已形成万吨级工业产能；中国科学院天津工业生物技术研究所在实验室首次实现二氧化碳到淀粉的从头合成；美国加州大学劳伦斯伯克利国家实验室首次创造出无法自然合成的人工金属酶及其产物。

（四）生物安全前沿技术

面对新冠肺炎（COVID-19）疫情给全球公共卫生安全带来的严峻挑战，生物科学家应用先进的工具和技术快速响应，开发从病毒检测到疫苗、药物等医疗对策的各类产品和应用，发挥中坚作用。美国哈佛大学—麻省理工学院博德研究所张锋教授领衔改进基于 CRISPR 的合成生物学平台 SHERLOCK，可用于新冠病毒简易、灵敏的分子诊断检测[②]。美国霍华德·休斯医学研究所和哈佛医学院利用 CRISPR 基因编辑技术开发出肽显示平台 PICASSO，可识别患者血液样本中的新冠病毒抗体；美国加州大学伯克利分校将两种不同类型的 CRISPR 酶相结合，创造出快速检测新冠病毒 RNA 的新方法；沙特阿拉伯阿卜杜拉国王科技大学利用 RNA 编辑蛋白开发出可实现便携式新冠肺炎诊断测试的 CRISPR 技术[③]；得益于 RNA 修饰及递送技术的发展，人类首次完成 mRNA 疫苗设计研发，美国生物技术公司 Moderna 研制的 mRNA 新冠疫苗从开发到获批仅用了数月时间。新冠肺炎特效药物研发取得进展，多种靶向病毒刺突蛋白的抗体类药物进入临床试验阶段，中国军事科学院陈薇院士团队发现首个靶向新冠病毒刺突蛋白

---

① SHAHAB R L, BRETHAUER S, DAVEY M P, et al. A heterogeneous microbial consortium producing short-chain fatty acids from lignocellulose[J]. Science, 2020, 369（6507）: 1214-1221.
② JOUNG J, LADHA A, SAITO M, et al. Point-of-care testing for COVID-19 using SHERLOCK diagnostics[J]. 2020. DOI: 10.1101/2020.05.04.20091231.
③ 2021 年世界前沿科技发展态势总结及 2022 年趋势展望——生物篇 [EB/OL].（2022-02-02）[2022-11-01]. https://www.sohu.com/a/520347067_120319119.

N 端结构域可以高效中和单克隆抗体，为新冠肺炎药物研发提供新的有效靶标[①]。中国医学科学院秦川教授团队等率先建立了新冠病毒感染肺炎的转基因小鼠模型，突破了疫苗、药物从实验室向临床转化的关键技术瓶颈[②]；中国科学院微生物研究所高福院士、严景华研究员领衔开发了针对 β 冠状病毒感染性疾病的通用疫苗策略，主导研制的具有自主知识产权的新冠病毒重组蛋白疫苗于 2020 年 6 月获批进入临床试验[③]。全球范围内有两款新冠肺炎口服药已上市，分别是默沙东 Molnupiravir 和辉瑞 Paxlovid，2022 年 7 月 25 日，我国自主研发的口服小分子新冠肺炎治疗药物阿兹夫定片应急附条件批准上市。

二、生物安全已成为国家安全的关键

（一）世界各国纷纷加强生物安全战略布局

美国发布《阿波罗生物防御计划》，力争在 2030 年前结束大流行病威胁时代，预计在未来 10 年内投资 653 亿美元，利用科技从根本上转变美国应对生物威胁的能力；美国疾病控制和预防中心在 2022 年资助建立多个公共卫生病原体基因组卓越中心；美国国防部发布《生物防御愿景》备忘录，评估当前生物威胁情况，研究制定国防部新的生物防御政策；美陆军作战能力发展司令部启动"DaT 计划"，旨在开发全方位、稳定且具高度适应性的生物威胁检测模式。欧盟委员会建立欧洲卫生应急准备和响应管理局，以预防、检测和快速应对卫生紧急情况，并启动名为"HERA 孵化器"的欧洲生物防

① CHI X Y, YAN R H, ZHANG J, et al. A neutralizing human antibody binds to the N-terminal domain of the Spike protein of SARS-CoV-2[J]. Science, 2020, 369（6504）: 650-655.
② BAO L, DENG W, HUANG B, et al. The pathogenicity of SARS-CoV-2 in hACE2 transgenic mice[J]. Nature, 2020, 583: 830-833.
③ DAI L, ZHENG T, XU K, et al. A universal design of betacoronavirus vaccines against COVID-19, MERS and SARS[J]. Cell, 2020, 182（3）: 722-733.

御准备计划，开启对抗冠状病毒的新阶段。欧洲议会通过欧盟 51 亿欧元的 EU4Health 健康计划，旨在提高卫生系统应对跨境健康威胁的韧性和危机管理能力，促进欧盟卫生联盟的实现。俄罗斯总统普京签署《俄罗斯生物安全法》，为确保其生物安全奠定国家法规基础。新加坡国防部筹备建设东南亚首个生物安全四级实验室，以提高其应对生物威胁的能力。中国正式实施《生物安全法》，标志着中国生物安全进入依法治理的新阶段 [1]。

（二）新冠病毒仍在不断变异

新冠肺炎疫情已经持续 3 年，根据世界卫生组织数据，截至 2022 年 7 月 28 日，全球确诊病例超过 5.7 亿人，死亡病例超过 638 万人。全球新冠肺炎疫情已进入第 6 个高峰，新冠病毒已经变异出超过 4000 种变种，出现了 5 个世界卫生组织认为值得关切的变异株，分别是阿尔法、贝塔、伽马、德尔塔，以及奥密克戎。随着病毒的持续变异，传染速度倍增，奥密克戎已经出现 10 个衍生变异株，其中 BA.5 的基础传染数 RO 值已经高达 18.6，已传播至全球 100 多个国家和地区。大多数学者认为，新冠病毒变异将长期存在，病毒还没有出现传播力、免疫逃逸力和致病力等方面都减弱的情况，现阶段奥密克戎的传播力和免疫逃逸力变得更强，而致病力和毒力较弱，需要做好长期监测及应对的准备。

（三）猴痘等突发传染病发生频率升高

新冠肺炎疫情还没有结束，猴痘等其他传染病已经在悄悄流行，突发公共卫生事件的发生频率越来越高，2000 年以来，世界卫生组织一共宣布过 7 次"国际关注的突发公共卫生事件"，2010 年以后发生的有 6 次。2022 年 5 月 9 日，全球报告第一例猴痘确诊病例，截至 2022 年 6 月 3 日，全球已有 700 多例猴痘病例。2022 年 6 月 23 日，世界卫生组织宣布猴痘为大流行病；

---

[1] 张芮晴. 2021 年上半年生物领域世界科技发展趋势 [EB/OL]. (2021–10–04) [2022–11–01]. https://baijiahao.baidu.com/s?id=1712692284098659342&wfr=spider&for=pc.

随着疫情的发展，7月23日，世界卫生组织将猴痘疫情列为"国际关注的突发公共卫生事件"，7月26日，全球猴痘确诊病例已经达到18 719例。除猴痘外，自2022年1月报告首例病例以来，已有35个国家的1000多名儿童出现不明原因严重急性肝炎，且大多数病例发生在5岁以下的儿童患者。

（四）俄乌冲突增加人为生物威胁风险

随着乌克兰危机的发展，美国在乌克兰境内开展的生物军事行动逐渐被发现，俄方多次公开美方在乌进行的生物试验活动。迫于国际社会的压力，2022年6月9日，美国防部首次公开披露美国政府在过去20年间向46处乌克兰实验室、卫生设施和疾病诊断场所提供的资助，根据公开信息，美方在2005—2022年年初向乌生物实验室资助超过2.24亿美元[①]。俄罗斯多位高级官员指出美国在乌生物实验室的安全问题，并公布大量原始资料，包括项目编号、机构、人员等信息。尽管美方多次否认这种指责，但从未否认这些原始资料的真实性，并且在乌克兰危机开始的第一天，乌克兰卫生部向所有生物实验室发出指令，要求紧急销毁鼠疫、炭疽、兔热病、霍乱及其他疾病病原体。美国防部对在乌生物实验室拥有绝对控制权，实验室内存储了大量危险病毒，所有活动由美方主导，还进行了埃博拉和天花病毒的研究，这些实验室在本土还曾出现过多次病原体泄漏事件。根据美国向《禁止生物武器公约》缔约国大会提交的数据，美国在海外30个国家部署了336家生物实验室，主要分布在非洲、中东、东南亚及苏联地区。

三、生物经济时代正在加速到来

当今世界，数字经济方兴未艾，生物经济加速来临。全球已有60多个国家或地区提出了生物产业或生物经济战略与规划，我国在"十四五"规

---

① 李志伟. 俄发布更多美在乌生物实验室证据 [N]. 人民日报，2022-06-10（16）.

划中明确提出做大做强生物经济，并于 2022 年 5 月首次出台《"十四五"生物经济发展规划》。生物经济蓬勃发展，而新冠肺炎疫情及俄乌冲突大大加速了这一进程。

（一）主要经济体纷纷加强生物经济战略顶层设计

美国国家科学院、国家工程院和国家医学院于 2020 年 1 月发布《保卫生物经济 2020》报告，对美国生物经济进行了定义和现状评估，提出了发展战略要点；2020 年 5 月，美国参议院通过《2020 年生物经济研发法案》，旨在推动国家工程生物学研发计划，以确保美国在该领域持续发挥领导作用。2020 年 3 月，欧盟生物基产业联盟（BIC）发布《战略创新与研究议程（SIRA）2030》报告草案，提出了"2050 年循环生物社会"愿景并阐述主要挑战和路线图，以及至 2030 年的里程碑和关键绩效指标。2020 年 1 月，德国通过新版《国家生物经济战略》[1]，并指定由一个独立的咨询委员会针对其多项目标和实施计划提出具体建议。2020 年 6 月和 2021 年 1 月，日本先后发布新版《生物战略 2020》基本措施版、市场领域措施版，围绕"到2030 年成为世界最先进的生物经济社会"目标提出重点发展技术领域与产业布局。2022 年 5 月，中国国家发展改革委印发《"十四五"生物经济发展规划》，明确提出了生物经济发展阶段目标，优先发展生物医药、生物农业、生物质替代应用及生物安全四大重点领域[2]。

（二）生物技术引领的生物经济正在加速来临

新冠肺炎疫情以来，许多国家纷纷加大生物技术与产业的投入，生物经济发展呈现 5 个特点：一是生物技术不断取得重大突破。基因编辑、合成

---

① BMBF. Nationale Bioökonomiestrategie [EB/OL].（2020-01-15）[2022-11-01]. https : //www.bmbf. de/files/bio%C3%B6konomiestrategie%20kabinett.pdf.

② 吴晓燕，陈方，丁陈君，等 . 全球生物经济现状、趋势与融资前景分析 [J]. 中国生物工程杂志，2021，41（10）：116-126.

生物学、器官再生，以及癌症早期发现、长寿药物等新技术、新产品不断涌现。二是社会发展对生物经济产生了巨大的需求。要解决人类共同面临的生命安全、粮食安全、能源安全、生态安全、气候变化、碳中和等问题，迫切需要生物经济。三是许多发达国家生物经济已占本国 GDP 的 10%。美国医疗支出占 GDP 的 18%，加上生物农业、生物制造、生物能源、生物服务等内容，发达国家生物经济占 GDP 的比重都超过了 10%。四是许多国家都把生物经济作为新的经济增长点来培育。2004 年以来，我国多次发布生物技术与产业发展规划，最近又发布了生物经济发展规划。2012 年美国发布了《白宫生物经济蓝图》，欧盟先后发布了 2020 年、2030 年生物经济蓝图。五是产业界纷纷投资生物医药产业。美国民间投资最多的领域是生物领域。新冠肺炎疫情以来，生物医药也成为我国风险投资最多的领域。

（三）生物经济不但能够改造自然，还将大幅提高人类健康水平

机械化、电气化增强了人类体力，数字化、智能化增强了人类脑力，而未来"生物化"（生物技术新科技革命）则直接延长人类预期寿命，"人活 90 岁成常态"，不仅能够改变自然世界，而且能够改造人类自身。此外，生物经济还将催生许多新业态，生物农业能够生产人造肉、合成淀粉、生长调节剂，抗旱基因有望使 10 亿亩旱地增产等，人类有望彻底告别饥饿，保障粮食安全；生物制造则会使细胞成为新工厂，生产的抗体药物比黄金还贵；生物能源将部分替代石油，仅我国生物能源的潜力就相当于 7 个大庆油田的石油当量，保障能源安全；生物技术还在开发生物资源、恢复生态环境与生物多样性、防御生物恐怖、保障生物安全等方面具有不可替代的作用。

（执笔人：朱　姝）

第三章　先进能源领域发展趋势

全球能源体系正发生革命性变化。风能、太阳能等可再生能源比重持续提升，清洁能源技术快速发展，电气化、高效化、低碳化和互联化的新一代全球能源体系正在形成。在此背景下，2022 年 2 月爆发的乌克兰危机刺激世界主要经济体加速调整本国能源战略，对全球能源格局及能源转型进程产生重大冲击。

一、全球能源展望情景分析

在应对全球气候变化的背景下，国际能源署、国际可再生能源署、美国能源信息署等国际能源分析机构采用情景模拟的方式，对全球能源发展趋势进行预判分析。目前，全球能源展望情景可概括为延续发展、变革转向和目标倒逼（2 ℃ /1.5 ℃）3 类。第一类延续经济社会发展、能源政策导向、技术进步创新趋势或有限的新政策假设；第二类通过变革行动推动能源转型和减排降碳；第三类是探索在倒逼机制下，将全球平均温升控制在 2 ℃和 1.5 ℃的全球能源转型发展可行路径。

趋势一：未来能源需求增长速度放缓，并在 21 世纪中叶开始趋于平稳。从长期看，经济和人口增长仍将推动全球能源需求增长。在"延续发展"情景下，全球能源需求较当前增长 12%～30%；在"变革转向"情景下，增幅为 8%～19%；在大多数"目标倒逼"情景下，全球能源需求增长得到严格控制。

趋势二：世界能源加快向多元化、清洁化、低碳化转型。在大多数"延续发展"情景下，2050年全球化石能源需求显著高于2019年水平；在"变革转向"和"目标倒逼"情景下，化石能源需求急剧下降，但是天然气在大多数情景下保持增长，可再生能源在所有情景中都有较大幅增长。

趋势三：电力是增长最快的终端用能品种，电气化水平大幅提升。在"目标倒逼1.5 ℃"情景下，电气化水平得到大幅提升，基本达到了43%～51%，是实现减排目标的核心举措。全球电力需求在所有情景下均出现大幅提升，个别情景下高达当前的2.6倍。未来能源发展将更为多元，电气化是能源转型的重要途径。

趋势四：化石燃料发电占比持续走低，可再生能源满足新增电力需求。化石能源继续作为全球电力的重要来源，占比持续走低。在"目标倒逼2 ℃"和"目标倒逼1.5 ℃"情景下，化石发电占比分别降至16%～34%和2%～13%，非水可再生能源占比分别达到39%～76%和70%～78%。

趋势五：煤炭需求下降，石油峰值提前，天然气增长潜力大，核能总体平稳增长。尽管在区域上有所差异，但是在未来几十年，煤炭占比将进一步降至20%以下。石油需求增长较为温和，第一大能源品种的地位正在被逐步取代，石油峰值将低于预期水平提前到来。在短期内，多数情景都预计天然气快速增长。核能在所有情景下都会增加，但增幅差异很大。

二、主要能耗部门前景展望

1. 工业

非经合组织国家的能源消费总量大于经合组织国家。经合组织国家的工业耗能在未来30年基本保持平稳，非经合组织国家增幅82.04%。2020年，前者是后者2.28倍，预计2050年扩大至2.71倍，这主要是由于两者的产业结构存在较大差异。与此同时，全球工业领域能源强度持续下降，非经合组织国家的下降幅度大于经合组织国家。

在以煤炭为代表的工业燃料领域，2020年中国占全球煤炭工业消费总量的 60%，预计 2050 年降至 40%。与此同时，印度的煤炭工业消费量大幅增长，由 2020 年占全球煤炭工业消费总量的 9.8% 增至 2050 年的 21.2%。

2. 建筑业

建筑领域能源消费量的持续增长主要是源于非经合组织国家的居民建筑耗能增加。根据电子工业协会（EIA）预计，未来 30 年经合组织国家在建筑领域的能源消费量保持稳定，其居民建筑耗能减少，商业建筑耗能增加。对于非经合组织国家而言，居民和商业建筑耗能均持续增长，其能源消费量增幅分别为 62.87% 和 69.86%。能源消费量增长主要体现在非经合组织国家的电力需求量激增，由 2020 年的 18.46×10^{15} Btu 升至 2050 年的 44.64×10^{15} Btu，增幅 141.82%。此外，在非经合组织国家中，中国的建筑领域能耗增幅最大，但俄罗斯的人均能源消费量最大。

3. 交通运输业

2020—2050 年，全球交通运输业的能源消费量持续增长。经合组织国家消费量在 2040 年前略有下降，后至 2050 年略有上涨，整体保持稳定。非经合组织国家消费量持续增长，其中，亚洲地区由 30.32×10^{15} Btu 增至 54.89×10^{15} Btu，增幅 81.04%。此外，经合组织国家的客运和货运消费量保持稳定，约为 60×10^{15} Btu。非经合组织国家的客运领域能源消费量增幅大于货运领域，未来 30 年客运领域增幅 99.26%，货运领域增幅 40.56%。

三、全球能源系统未来展望

俄乌冲突引发欧洲加速摆脱对俄能源依赖、美国蚕食俄罗斯市场份额、俄罗斯能源出口转向等一系列连锁反应。在欧洲能源供应持续紧张和能源价格不断攀升的背景下，国际能源贸易、全球能源转型进程、全球能源体系和能源独立性等方面在短—中期将发生系统性深刻变革。

1. 观点 1：煤炭将成为欧洲短中期替代能源

在欧洲能源安全受到不断冲击的背景下，欧洲短期能源战略已由"气候安全"向"能源安全"转变。为应对能源供应不足、天然气价格上涨和摆脱对俄能源依赖，基于能源政策、能源价格、能源安全和资源禀赋角度分析，煤炭将成为欧洲短—中期最为快速的替代能源，欧洲燃煤发电量将大幅反弹。

2. 观点 2：国际油气贸易版图重建

乌克兰危机后，欧盟宣布 2022 年年底减少 2/3 的俄罗斯天然气进口，美国加紧扩大对欧 LNG 出口，俄罗斯的欧洲能源市场被美国蚕食。在此背景下，俄罗斯能源出口重心"由西向南"转移，亚洲地区将成为俄罗斯能源出口重心。受国内、国际双重因素影响，美国将加大本土页岩油气资源开发，进一步抢占全球化石能源市场。欧盟天然气供应多元化，本土能源供应比例提升。

3. 观点 3：欧、美、俄能源转型进程将显著分化

乌克兰危机引发的化石能源价格高涨和欧美对俄制裁刺激，将导致全球能源转型进程显著分化。欧盟方面，短期能源阵痛激发清洁能源产业快速发展。作为全球能源低碳转型的倡导者和支持者，欧盟委员会及德国、法国等成员国近期相继调整能源战略，大幅提高清洁能源发展目标，大幅缩短清洁能源部署周期，全面加快清洁能源转型步伐。美国油气产业发展或制约转型进程。美国方面，基于美国对欧能源控制的国家战略，拜登政府敦促加大本土油气勘探开发力度。拜登政府能源政策的转变给美国能源转型进程蒙上阴影。俄罗斯方面，能源出口是俄罗斯的国家经济命脉。2011—2020 年，石油天然气收入平均占俄罗斯年度收入的 43%。作为全球能源大国和碳排放大国，俄罗斯曾提出 2060 年前实现碳中和目标。危机爆发后，俄罗斯经济遭受沉痛打击。俄罗斯中长期经济发展将更加依赖化石能源产业，能源转型将面临国家财政、经济发展和技术创新等多方面因素制约，2060 年碳中和目标的实现概率大幅降低。

4. 观点4：能源供应本土化将成为国际主流趋势

当前的欧洲能源危机对世界各国起到了非常现实的警示作用，能源安全的国家战略地位显著提升。受制于对俄能源依赖，欧盟成员国对俄制裁态度严重分化，德国在对俄多轮制裁中均陷入进退两难的境地。为此，欧盟迫切希望提高能源独立性，大力发展本土清洁能源，实现能源供给自足。此外，全球能源系统低碳化转型的大势将助力世界各国实现能源供应本土化，构建独立自主的能源供应体系。相较于化石能源，清洁能源没有过高的资源禀赋要求，且科技创新是其产业发展的第一要素，这与欧洲的气候、能源和科技战略高度匹配。欧洲能源危机和能源独立意识觉醒，将激发其他国家深思极端情况下的能源本土供应能力，预计能源供应本土化将成为世界大国的标配和国际能源主流趋势。

（执笔人：王 超）

第二篇

重点前沿技术发展趋势

第四章　量子计算

一、量子计算概况

量子计算是以量子比特为基本单元，利用量子叠加和干涉等原理实现并行计算的一种革命性计算技术。量子计算机是基于量子力学原理构建，用于处理和计算量子信息，运算量子算法。量子计算机与经典计算机在基本单位、运算模式和计算能力上存在较大区别。

量子计算的概念最早由美国物理学家 R. Feynman 于 1981 年提出[①]。Feynman 预见到，量子计算机相比经典计算机更适合用来模拟量子物理系统的特性。1994 年，美国物理学家 P. Shor 提出了首个量子算法[②]，证明量子计算机可以高效地解决大数分解问题，并可能破解广泛使用的 RSA 公共密钥体系，引发了全世界的广泛关注。在此后的 20 多年间，该领域的理论和实验研究快速发展，取得了一批令人瞩目的成就，并在某些特定领域已经发展到接近实用化的突破临界点。

量子计算具有经典计算无法比拟的巨大信息携带和超强并行处理能力，能够在某些计算困难问题上提供指数级加速。随着量子比特位数的增加，其存储能力与计算能力还将呈指数级规模拓展[③]。近两年，量子计算已经实

① FEYNMAN R P. Simulating physics with computers[J]. Int J Theor Phys，1982，21：467–488.

② SHOR P W. Polynomial–time algorithms for prime factorization and discrete logarithms on a quantum computer[J]. SIAM J Comput，1997，26：1484–1509.

③ 赛迪顾问·人工智能产业研究中心. 2021 量子计算技术创新与趋势展望 [N]. 中国计算机报，2021–08–30.

验证明具有超越经典计算的优越性。

量子计算是未来计算能力跨越式发展的重要方向，量子计算带来的算力飞跃有可能在未来引发改变游戏规则的计算革命，成为推动科学研究探索和信息通信技术加速发展演进的"触发器"和"催化剂"。尽管在短期内量子计算尚未实现真正意义上的落地应用，但其正在不断向人工智能、生物医药、金融安全、交通运输等领域渗透，并受到世界主要国家和科技企业的广泛关注。

二、各国量子计算战略部署

近年来，量子信息技术研究和应用探索持续快速发展，已成为全球科技领域竞争的关注焦点之一。各主要国家在量子信息技术领域纷纷加强规划布局，加大投入支持力度。

美国从 20 世纪 90 年代起就在量子信息科学领域进行持续投入并支持前沿研究探索。2018 年 12 月，美国《国家量子行动（NQI）计划》正式立法，规划第一阶段（2019—2023 年）追加投资 12.75 亿美元，投资领域包括量子传感和计量、量子计算、量子网络、量子促进和量子技术，根据 2021 年度预算报告显示，投资力度和规模将远超原计划。NQI 计划授权白宫国家科学技术委员会（NSTC）组建国家量子协调办公室（NQCO），协调组织国家技术标准局（NIST）、国家科学基金会（NSF）、能源部（DoE）和国防高级研究计划局（DARPA）等主要部门具体实施。其中，NSF 新成立 3 个量子飞跃挑战研究所（QLCI），NSF 持续支持 4 个量子信息科学（QIS）物理前沿中心，DoE 在下属的 5 个国家实验室投资建立了 QIS 研究中心，上述研究机构将成为美国未来 QIS 领域原始创新和技术进步的重要发源地。NSF 资助加州大学圣芭芭拉分校建立量子代工厂，用于开发新型量子材料和器件；NIST 的纳米科学技术中心（CNST）提供了国家级的公共基础设施，可用于研发和测试多类型 QIS 设备原型。NIST 成立量子经济发展联盟

（QED-C），整合 QIS 领域的学术机构、科技巨头和初创公司等利益相关方，推动量子技术产业发展所需的供应链和产业生态建设。

英国于 2021 年启动"国家量子行动计划"，支持国内四大量子技术研究中心。早在 2014 年，英国就发布了《国家量子技术计划（一期）》，2018 年发布《量子技术》报告，2019 年发布《国家量子技术计划（二期）》，2020 年发布《量子信息处理技术布局 2020：英国防务与安全前景》报告等。

欧盟于 2016 年 5 月启动"量子宣言"旗舰计划，在未来 10 年投资 10 亿欧元，支持量子计算、通信、模拟和传感四大领域的研究和应用推广。2018 年 10 月，欧盟量子旗舰计划正式启动首批 19 个科研类项目。2020 年 3 月，量子旗舰计划发布《战略研究议程》中期报告，在量子计算、量子通信和量子互联网等方向进一步做出未来 5 年发展方向和目标任务的规划布局。2021 年 4 月，欧盟多国联合成立欧洲量子产业联盟（QuIC），为培育和发展欧洲量子技术、量子产业链和量子初创企业提供研讨平台和合作机制。

德国于 2021 年 3 月发布《量子技术：联邦政府从基础到市场的框架计划》，拟定了未来 10 年德国在量子系统领域的研究重点和面临的挑战。具体来讲，未来德国量子领域的研究重点主要是量子计算机、量子通信、量子测量技术、量子系统的基础技术，同时，该计划还确定了德国量子技术的商业、科学和政治共同行动的指导方针。此外，德国还于 2018 年发布了《量子技术：从基础到市场》报告，于 2019 年 8 月发布了 6.5 亿欧元的国家量子计划等。

日本于 2019 年发布《量子技术创新战略》，提出与欧美推进量子技术具体合作的方针。日本将大幅增加 2020 年度以后的相关预算，在 5 年时间里设置 5 处以上核心研发基地，通过改善投资环境等，力争在 10 年内打造超过 10 家量子技术初创公司，使量子技术的应用在 10 ～ 20 年里以各种形式取得进展。

俄罗斯于 2019 年 12 月提出"国家量子行动计划",拟 5 年内投资约 7.9 亿美元,打造实用的量子计算机,并希望在实用量子计算机领域赶上其他国家。2020 年 11 月,俄罗斯宣布建立俄罗斯国家量子实验室,将致力于量子技术的出口并开发相关基础设施,主要任务则是研发量子计算机。

印度于 2020 年 2 月发布国家量子技术与应用任务(NM-QTA),将在 5 年内投入 800 亿卢比(约合 11.2 亿美元)推动量子技术的发展,主要投资领域包括量子计算、量子通信和量子密码学。

法国于 2021 年 1 月 21 日宣布启动"法国量子技术国家战略",计划 5 年内在量子领域投资 18 亿欧元,希望法国有机会成为"第一个获得通用量子计算机完整原型的国家"。在资金使用方面,其中相当一部分用于量子计算机,包括 3.5 亿欧元投资量子仿真系统的开发,4.3 亿欧元投资未来成熟量子计算机的研究。其他优先投资还包括传感器开发、后量子密码学、量子通信等。

以色列于 2021 年 3 月宣布开启其"国家量子计划"的新项目,旨在斥资 6000 万美元建造一台 30 ~ 40 量子比特的量子计算机。此新项目是以色列 12.5 亿谢克尔(以色列官方货币,约合人民币 24 亿元)国家计划的一部分,旨在培养以色列的量子计算能力。尽管科学家们表示,量子计算机的广泛实际应用还需要几年的时间。

奥地利联邦政府于 2021 年 6 月宣布启动"量子奥地利"计划,联邦政府在联邦教育、科学和研究部的领导下,目前正在为量子研究和量子技术提供 1.07 亿欧元以上的资金,旨在加速发展量子研究和量子技术,该计划将持续到 2026 年。

荷兰于 2019 年 9 月发布了《国家量子技术议程》(NAQT),共有 70 多家公司和组织参与其中,旨在加速荷兰在量子技术方面的引领作用。该议程集中组织量子计算和模拟、国家量子网络、量子传感应用领域 3 个前沿项目,同时围绕技术研究、人才开发、市场创造和社会影响 4 个主题开展。通过该议程，荷兰欲建设一个新的数字高科技产业，能够对 GDP 的贡献达到 20 亿～ 30 亿欧元，并拥有 3 万个高质量的就业岗位。

我国在量子信息领域的研究起步晚于美国，但在国际上较早形成了战略部署和发展规划，因此，进入 21 世纪以来基本保持在第一梯队。2006 年，《国家中长期科学和技术发展规划纲要（2006—2020 年）》将量子调控列入 4 个重大基础研究计划。2015 年，"十三五"规划进一步加强了对量子通信和量子计算领域的布局。2021 年，《中华人民共和国国民经济和社会发展第十四个五年规划和 2035 年远景目标纲要》将量子信息确立为具有前瞻性和战略性的国家重大科技项目。

三、量子计算发展总体状况

1. 近 10 年量子计算论文发表情况

量子计算已成为全球科研领域关注焦点之一。量子计算科研论文主要分布在物理学、光学和工程领域，同时与计算科学、化学、数学等领域也有较多关联，覆盖面广，交叉特点明显。近年来，量子计算领域高水平科研论文发文量持续上升，研究创新保持活跃。

（1）国际论文历年数量

从国际论文历年数量来看，2010 年 1 月 1 日至 2021 年 12 月 31 日，论文数量呈现持续上升态势。2010 年量子计算相关国际论文数量为 2344 篇，2015 年为 2797 篇，2019 年上升为 3860 篇，2021 年为 4498 篇（图 4-1）。

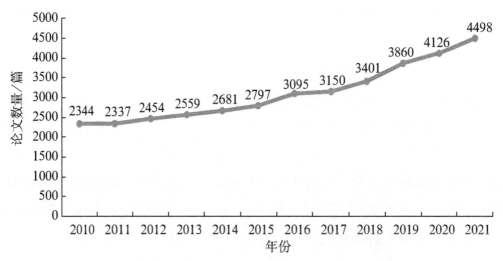

图 4-1　量子计算领域国际论文历年数量（2010—2021 年）

（2）不同国家论文数量排名

从不同国家历年论文数量排名来看，2010—2021 年，中国发表量子计算论文数量居全球首位，为 10 127 篇，美国居第 2 位，为 8959 篇，德国居第 3 位，为 3654 篇，之后为日本、英国、印度、加拿大和意大利（图 4-2）。

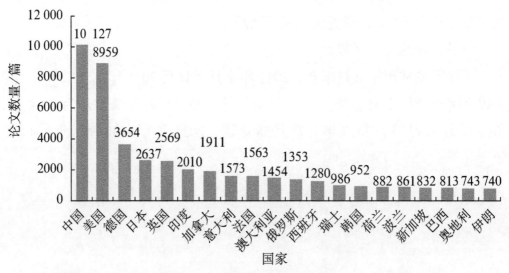

图 4-2　量子计算领域不同国家论文数量排名（2010—2021 年）

（3）国际机构发文数量和论文被引频次排名

从国际机构发文数量排名来看，中国科学院、法国国家科学研究中心、美国加州大学排在前 3 位，发文数量分别为 2174 篇、1120 篇和 1103 篇。之后是法国研究型大学、美国能源部、中国科学技术大学、俄罗斯科学院、马克斯·普朗克学会、新加坡国立大学和意大利国家研究委员会（图 4-3）。

在论文被引频次统计中，被引频次居前 3 位的机构依次为美国加州大学、美国能源部、哈佛大学，被引频次分别为 58 次、41 次和 39 次。之后是中国科学院、加利福尼亚大学圣塔芭芭拉分校、麻省理工学院、代尔夫特理工大学、牛津大学、马里兰大学和法国研究型大学（图 4-4）。

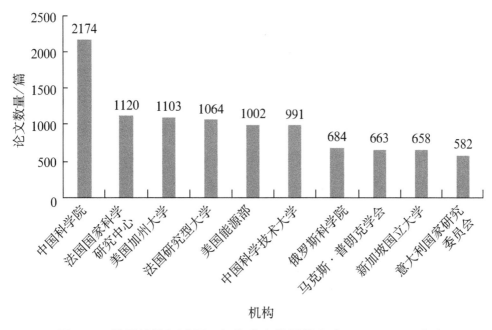

图 4-3　量子计算领域国际机构发文数量排名（2010—2021 年）

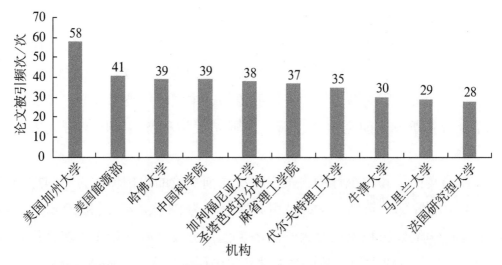

图 4-4　量子计算领域国际机构论文被引频次排名（2010—2021 年）

2. 近 10 年国际专利申请情况

（1）国际历年专利申请数量

从量子计算技术领域的国际专利申请数量来看，量子计算专利申请与知识产权布局近年发展进一步加快，2010—2021 年呈现快速上升态势。2010 年量子计算相关专利申请数量仅为 144 件，2015 年为 295 件，2019 年上升为 1304 件，2021 年为 1541 件（图 4-5）。

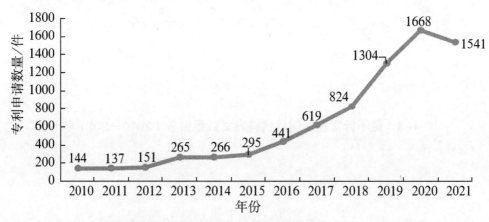

图 4-5　量子计算领域国际专利申请数量（2010—2021 年）

（2）不同国家专利申请数量排名（TOP 10）

从不同国家历年专利申请数量排名来看，2010—2021 年，美国量子计算专利申请数量居全球首位，为 6164 件，中国位居第二，为 3873 件，日本第三，为 1223 件，之后为加拿大、英国、韩国、德国、澳大利亚、法国和俄罗斯（图 4-6）。

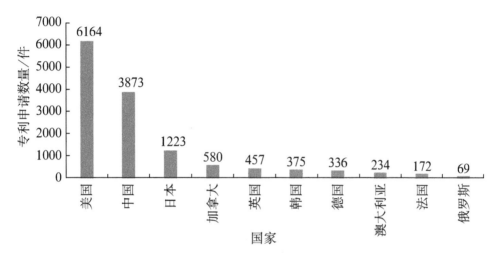

图 4-6　量子计算领域不同国家专利申请数量排名 TOP 10（2010—2021 年）

（3）主专利权人排名（TOP 10）

从主专利权人排名 TOP 10 来看，2010—2021 年，美国 IBM 公司申请专利 404 件，合肥本源量子计算科技有限责任公司（简称本源量子）申请专利 218 件，微软公司申请专利 169 件（图 4-7）。

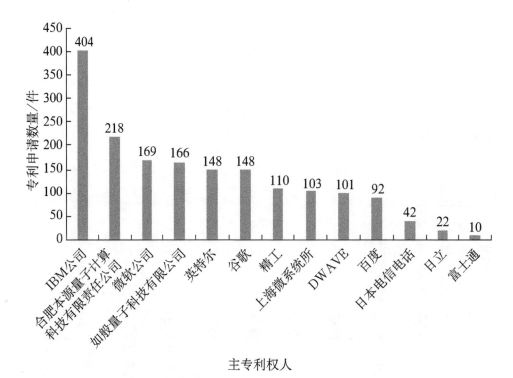

图 4-7　量子计算领域主专利权人排名 TOP 10（2010—2021 年）

四、全球量子计算研究进展

1. 量子计算物理平台

量子计算物理平台多种技术体系并行发展。构造和保持量子比特的物理平台作为实现量子计算的硬件基础，是当前量子计算科研攻关与应用探索的关注热点。当前，量子计算物理平台技术路线呈现多元化和并行发展态势，主流方案包含超导、离子阱、硅基半导体、光量子、金刚石色心、超冷原子和拓扑量子等。其中，超导、离子阱、硅基半导体和光量子技术路线受到研究机构、科技巨头和初创企业的重视，具备实现可纠错通用量子计算的潜力，研究与发展较为迅速。其中，超导和离子阱技术路线受到关注程度最高，硅基半导体和光量子路线发展提速（图 4-8）。

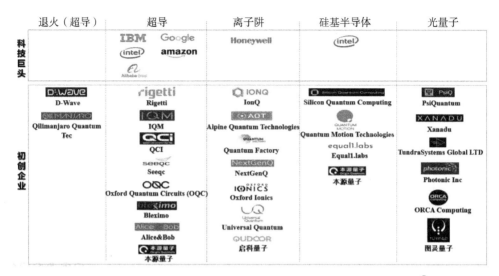

退火（超导）	超导	离子阱	硅基半导体	光量子
科技巨头	IBM　Google intel　amazon Alibaba Group	Honeywell	intel	
初创企业	D-WAVE D-Wave QILIMANJARO Qilimanjaro Quantum Tec	rigetti Rigetti IQM IQM QCI QCI seeqc Seeqc OQC Oxford Quantum Circuits (OQC) bleximo Bleximo Alice & Bob Alice&Bob 本源量子 本源量子	IONQ IonQ AQT Alpine Quantum Technologies Quantum Factory Quantum Factory NextGenQ NextGenQ OXFORD IONICS Oxford Ionics Universal Quantum Universal Quantum QUDOOR 启科量子	Silicon Quantum Computing Silicon Quantum Computing QUANTUM MOTION Quantum Motion Technologies equal1.labs Equal1.labs 本源量子 本源量子	PsiQ PsiQuantum XANADU Xanadu TundraSystems Global LTD photonic Photonic Inc ORCA Computing ORCA Computing 图灵量子

图 4-8　量子计算物理平台方案技术路线与企业布局情况 [1]

　　超导量子计算被业界认为是最有可能率先实现通用化量子计算的方案之一，目前由 IBM、Google 等科技巨头加持，近期发布了发展愿景与蓝图，量子物理比特数处于稳步提升的发展黄金期。

　　2019 年 10 月，谷歌基于 54 位超导量子物理比特处理器"悬铃木"，在随机线路采样问题中第一次实验验证"量子计算优越性"，成为实验证明量子计算机原理性优势的里程碑。

　　2019 年，IBM 发布超导量子计算"隼"平台（27 位物理比特），开始在美日欧等地区部署样机系统，2020 年上线"蜂鸟"平台（65 位物理比特）。

　　2021 年 11 月 15 日，IBM 推出超导量子计算芯片"鹰"（Eagle），其量子位多达 127 个，这是 IBM 公司拥有的首个超过 100 个量子比特的芯片。2021 年 6 月 15 日，德国首台量子计算机投入运行，由美国 IBM 公司为德国制造，是在美国之外运行的首台 IBM 量子计算机，代号为"IBM 量子系统一号"。2021 年 7 月 27 日，日本东京大学与日本 IBM 宣布商用量子计算机已开始投入使用，这在日本国内尚属首次，丰田等 12 家大型企业加入的

---

① 中国信息通信研究院 . 量子信息技术发展与应用研究报告（2020 年）[R]. 2020.

产学协会将成为使用主体。

2021 年 5 月，中国科学技术大学采用三维连接新方案和谐振腔比特间耦合机制，研制出 62 位量子物理比特的超导量子计算原型机"祖冲之号"，实验演示二维量子行走，后续有望再次实现量子计算优越性证明。南方科技大学量子科学与工程研究院利用可调耦合器实现 99.5% 高保真度和高扩展性的双比特量子门方案。2020 年 12 月，中国科学技术大学基于 76 光子的光量子计算实验平台"九章"，在高斯玻色采样问题中实现"量子计算优越性"的再次实验证明。

离子阱技术路线在物理比特质量和逻辑门保真度等方面具有一定优势，同时具备室温工作的优点，近年来比特数量和量子体积等指标屡创新高。2021 年 4 月，Honeywell 报道离子阱量子计算原型机 H1，采用量子电荷耦合器结构，支持 10 位物理比特高精度操控，量子体积指标可达 512 位。美国量子计算公司 IonQ 也推出了拥有 32 个量子比特、量子体积超过 400 万的量子计算样机。

硅基半导体技术路线与现代半导体集成电路工艺兼容，在可扩展性和可集成性等方面具有优势，Intel、TU Delft 和新南威尔士大学等企业和高校长期重点投入。近期研究包括推动硅基自旋方案和电荷方案融合，探索基于"纳米线"腔的量子互联总线，将双比特逻辑门保真度提升至 99.99% 的实验报道等。

光量子技术路线在相干时间、室温工作、高维纠缠操控等方面具有优势，在实现量子信息系统互联方面也具有天然优势。我国在空间光量子计算实验方面处于国际领先地位，2020 年 12 月，中国科学技术大学报道基于 50 路单模压缩光信号干涉的 76 光子采样实验系统"九章"，在高斯玻色采样问题中实验证明"量子计算优越性"。在集成光量子计算方面，加拿大 Xanadu 在氮化硅芯片上构建了光路，利用四波混频效应，实现了光量子芯片的可编程，并利用高压缩态演示量子采样。

2. 量子计算软件及应用

量子计算软件的开发与应用技术目前处于起步阶段。量子计算软件大致可分为底座型基础运行类软件、中台型计算开发类软件和门户型应用服务类软件 3 种不同类型。随着量子计算软硬件多方探索加速，对量子计算操作性和兼容性方面的需求日益提升，考虑到量子计算机底层的计算原理和经典计算机不同，主流的量子应用是量子—经典混合应用，在未来相当长的一段时间内，经典计算和量子计算将相辅相成、并行发展，量子计算操作系统的开发构建成为量子计算软件发展的新特征。例如，美国量子计算公司 Seeqc 在其芯片级集成量子计算架构上成功演示了 Deltaflow.OS 量子计算机操作系统，证明了该操作系统的兼容性和可移植性。本源量子于2021 年 2 月发布了国产量子计算机操作系统"本源司南"，基于该操作系统开展了多种物理平台量子处理器的适配探索。

量子计算应用方面的探索主要包括两大类型：一是量子模拟，即在药物研究、材料科学、分子化学等领域通过量子处理器来模拟量子系统运行状态，具备真实接近系统自然状态原貌的优势；二是量子计算加速及优化，包括 AI 机器学习的加速和大数据处理及优化等，目前在量化金融、航空动力学设计、交通规划等领域探索活跃。

在量子化学模拟场景中，2020 年 8 月，谷歌在量子处理器中实现Hartree-Fock 状态化学模拟；2021 年 1 月，谷歌与 BI 合作研究量子计算药物研发的前沿用例；芝加哥大学利用 53 位量子物理比特的 IBM "蜂鸟"量子处理器，模拟和制造一种被称为激子凝聚态的量子材料。

在量子金融场景探索中，2020 年 7 月，AlgoDynamix 宣称使用量子退火算法提供世界上第一个用于财务分析的行为预测服务；2021 年 2 月，本源量子与建信金科联合发布量子期权定价、量子风险价值（VaR）计量的算法应用探索案例。

在量子人工智能方面，2021 年 3 月，剑桥量子计算公司（CQC）开发出多个量子机器学习推理方法，在模拟器和 IBM 量子计算机上实现贝叶斯网络的随机实例推理，在模拟金融时间序列的隐马尔可夫模型中推断市场条件波动。

3. 量子计算云平台

量子计算云平台支持应用探索与算力输出。量子云计算技术架构逐步成型，层次化设计基本清晰，其中，硬件底座为量子计算云平台的核心部分，利用传统的计算设施与量子处理器、量子存储、量子测控技术等提供强大的算力，量子云计算的后端形态呈现多样化技术特征，主要包括真实量子计算、量子计算模拟器和经典—量子混合计算 3 种方式。量子计算引擎实现基础的量子计算功能，包括量子中间表示、量子逻辑门、量子电路、量子模拟加速组件、量子编译器等。工具框架层为用户提供封装后的量子计算功能，包括量子编程语言、量子算法库、量子计算 GUI 和量子计算 SDK 等。应用服务层在计算引擎与工具框架的基础上，进一步实现面向用户的软件服务，如量子算法开发 API 和行业服务等。

近年来，国外的 IBM、Google、微软、Amazon 等科技巨头和量子计算初创企业及研究机构纷纷布局量子云计算，为培养用户习惯，争夺产业生态地位，抢占未来发展先机展开激烈竞争，量子云计算技术研究与生态构建发展迅速。

2017 年 3 月，IBM Q Experience 发布量子计算 API，使开发人员能够在基于真实量子比特的量子计算机与经典计算机之间建立接口，IBM Q 量子计算系统和服务通过 IBM 云平台交付并逐步构建量子计算软件生态系统。2020 年 8 月，亚马逊发布 Amazon Braket，作为完全托管的 AWS 服务，可提供开发环境来帮助客户探索和设计量子算法，灵活接入多家量子计算公司的物理平台后端，如 D-Wave、IonQ 和 Rigetti 等，也可使用 Amazon EC2 量子计算模拟器运行和验证算法。2020 年 7 月，Honeywell 发布型号为 H0 的 6 量子比特离子阱计算原型机并提供云端访问接入能力，与多种量子软件框架兼容。2020 年 9 月，D-Wave 发布 5000 量子比特系统 D-Wave Advantage，在 Leap 量子云平台中构建和运行量子混合应用程序，提供量子退火算力服务。为推动欧洲量子技术的发展，2021 年 4 月，荷兰 QuTech 开发了公共量子计算云服务平台 Quantum Inspire，与 IBM 类似，Quantum Inspire 包含量子芯片、经典控制、量子编译器、软件层和用户界面，侧重于量子计算教育培训与应用程序开发。

4. 量子计算产业生态构建

在量子计算样机研发、应用探索和产业生态构建等方面，美国多年来持续大力投入，已建立领先优势。加、英、日、澳等国具备很强技术实力并紧密跟随，欧美国家正在形成并不断强化联盟优势。

科技巨头是推动量子计算技术研究与应用探索加速发展的主要力量。Google、IBM、Intel、微软、Honeywell、Amazon 相继加入，产业巨头基于雄厚的资金投入、工程实现、软件控制能力和云计算服务资源，积极开发原型样机产品，构建产业联盟和产业生态，通过不同商业模式展开激烈竞争，对量子计算研究成果转化和应用加速发展助力明显。2020 年，美国国家标准技术研究院（NIST）牵头成立量子经济发展联盟（QED-C），包括 108 家企业、33 家学术机构和 9 家研发中心，旨在帮助美国建立量子产业供应链和产业生态。加拿大政府资助成立量子工业联盟（QIC），包括 24 家专门从事量子领域研究的加拿大硬件和软件公司。IBM 发起成立量子计算联盟 Q Network，成为目前全球最具影响力的量子计算产业联盟，包括超过 100 家公司和研究机构，全球超 20 万用户已通过云平台访问和使用 IBM 量子计算服务，联合开展人工智能、金融、交通、生物制药等领域的量子计算应用探索。此外，IBM 已连续 5 年在全球范围内举办具有影响力的量子编程挑战赛，进一步吸引潜在用户和培养使用习惯。

此外，初创企业也是推动量子计算技术研究与应用探索发展的重要力量。近年来，随着各国政府、产业巨头和投资机构的投入持续增加，全球已出现百余家量子计算初创企业。欧美 IonQ、D-wave、Xanadu、Rigetti 和 PsiQ 等初创企业在多种量子计算硬件技术路线并行发展，处于开放竞争状态。Zapata Computing、QC Ware、1Qbit 和 Quantum Benchmark 等致力于量子计算软件算法及应用研究，开展纠错算法开发、评估和性能验证及应用场景探索等工作。

五、发展趋势

基于当前全球量子计算研究态势，实现具有容错能力的通用量子计算机还很遥远，如果没有重大理论技术创新，短期内很难真正实现，但是，能够展示量子加速效应的专用量子计算机有可能在 3 ～ 5 年内问世。这种专用量子计算机在某些特定算法上能够超越目前最快的经典计算机，实现所谓的量子"优越性"，并在一些实际问题的求解中展现出应用潜质。

当前，量子计算领域存在着舆论和资本的高度关注和"过高期望"，未来数年，量子计算技术攻关和应用探索可能存在两种趋势：一是成果不达预期的"期望破灭"风险；二是出现重大突破的"技术意外"，仍有待进一步观察分析。2020 年 7 月，美国 Gartner 公司也曾预测，量子计算接近"过高期望"顶峰，未来可能出现"幻灭之谷"低潮，真正进入实用化可能仍需10 年。

1. 量子计算硬件物理平台研究与发展演进

量子计算硬件物理平台的发展可大致分为 3 个阶段：第一个阶段（2010—2020 年），量子计算原型机和量子退火机阶段，可实现量子优越性；第二个阶段（2020—2030 年），中等规模含噪量子（Noisy Intermediate Scale Quantum，NISQ）专用量子计算机阶段，可解决特定计算困难问题；第三个阶段（2030—2050 年以后），通用量子计算机阶段，可面向广泛商业化应用场景。

当前正处于工程实验验证和原型样机研发的技术攻坚期，即将进入NISQ 专用处理器研制与应用探索阶段。在此阶段将基于百位量级量子物理比特，在含有噪声，即未实现量子纠错的条件下，探索开发相关应用和解决特定计算困难问题。随着未来量子物理比特数量和质量的提升，远期有望实现通用量子计算机，并进一步面向更广泛的应用场景，如 RSA 密钥破解和大规模无序数据集搜索等。

2. 量子计算与模拟在多领域将继续应用探索

近期，量子计算在不同领域和行业开展了较为广泛的应用探索，未来有望进入应用探索和成果涌现的"活跃期"，基于 NISQ 专用量子计算机，在量子化学模拟、量子组合优化、量子机器学习等前沿探索领域率先取得突破，出现"杀手级应用"，打开实用化之门。未来数年，在用于特定计算问题求解的专用量子计算处理器，或用于分子结构和量子体系模拟的量子模拟机，以及用于机器学习和大数据集优化等应用的量子计算新算法理论等方面将有望取得突破。

3. 量子云计算的技术架构逐步成型

层次化设计正趋于基本清晰。量子处理器需要在超低温或真空等环境下进行储存和运算，通过云服务进行量子处理器的接入和量子计算应用推广成为量子计算算法及应用研究的主要形式之一。用户在本地编写量子线路和代码，将待执行的量子程序提交给远程调度服务器，调度服务器安排用户任务按照次序传递给后端量子处理器，量子处理器完成任务后将计算结果返回给调度服务器，调度服务器再将计算结果变成可视化的统计分析发送给用户，完成整个计算过程。Google 基于经典云计算实现框架，已经搭建了量子计算云平台，并采用弹性按需的接入访问模式，实现对外提供量子计算硬件接入和软件服务。未来几年，量子计算云平台将采用多种新技术提升资源调度和服务访问质量。

（执笔人：许　晔）

第五章　5G 移动通信

一、5G 概况

5G（The Fifth Generation Mobile Communication System）是指第五代移动通信，是优于当前移动通信体制（4G）的下一个战略制高点，也是全球经济社会发展的下一个增长点。有权威机构估算，到 2035 年，5G 将在全球创造 12.3 万亿美元[①] 的经济产出，创造 2200 万个工作岗位，全球 5G 价值链产出将达到 3.5 万亿美元，其中我国为 9840 亿美元。2019 年 6 月 6 日，我国正式向中国电信、中国移动、中国联通和中国广电发放了 5G 商用牌照，宣告我国正式进入 5G 商用元年。

1. 5G 网络与 4G 网络相比具有的五大优势

一是更快的下载速度，用户体验速率可达 100 Mbps 至 1 Gbps。5G 的下载速度至少可达到 4G 的 10 倍，最高可达 100 倍，同时支持移动虚拟现实等极致业务体验。

二是更低的时延，传输时延可达毫秒量级。目前，4G 网络的时延约为 3050 毫秒，而 5G 网络能达到 1 毫秒甚至更低的时延，可满足车联网和工业控制的严苛时延要求。

三是更大的容量，连接数密度可达 100 万个 $/km^2$，流量密度可达 10 $Mbps/m^2$。5G 的大容量意味着可有效支持海量物联网设备接入，可支持千倍以上移动业务流量的增长。

[①]　HIS Markit. 5G 经济：5G 技术将如何影响全球经济 [R]. 5G 峰会（北京），2017.

四是更高的可靠性。5G 将是高可靠性的网络，这使 5G 可广泛应用于如医疗、健康和自动驾驶等关键行业。

五是更强的灵活性。网络切片可以将一个物理 5G 网络划分为多个虚拟网络，运营商可根据使用要求，灵活使用正确的 5G 网络"切片"。

2. 5G 的三大应用场景

国际电信联盟（ITU）根据 5G 在速率、连接数、时延等 3 个方面的指标，为 5G 定义了 3 种应用场景。

一是增强型移动宽带（eMBB），包括固定和移动无线宽带，主要集中于不断增长的带宽和容量。包括增强型室内和室外宽带、企业协作、AR 和 VR 的实现等。

二是大规模机器型通信（mMTC），特点是低功耗、低数据，并且有大量的接入。包括物联网、资产跟踪、智能农业、智能城市、能源监控、智能家居、远程监控等。

三是超可靠和低时延通信（URLLC），聚焦于无线接入，能够无缝地代替有线，甚至用于"不能失败"的应用。包括自动驾驶、智能电网、工业自动化、远程患者监控和远程医疗等。

二、各国 5G 战略部署

美国的 5G 发展主要依靠私营企业投入、研发和推动，在迅速推进 5G 建设的同时关注网络安全，力求在 5G 网络竞赛中获得主导权。2020 年 3 月，美国发布《国家 5G 安全战略》，阐述了美国与合作伙伴和盟友携手合作，在全球范围内领导安全可靠的 5G 通信基础设施开发、部署和管理的愿景。美国国防部发布公开版 5G 战略，将 5G 技术视作"关键战略技术"，并向多家供应商授出总价值 6 亿美元的 5G 试验合同，用于在 5 个美军军事基地建立试验台，开展 5G 技术试验。在 5G 标准制定方面，美国试图将"开放无线接入网络"（Open RAN）作为新的 5G 解决方案。2020 年 11 月，美国众议院表决通过《2020 利用战略联盟电信法案》，以支持在美国部署基于 Open RAN 的 5G 网络。另外，美国广播卫星提供商碟形网络（DISH Network）与日本富士通等企业合作开发开放无线接入网络，允许多个运营商和供应商通过开放接口共享网络。美国、日本等国家正通过国际电信联盟无线电通信部门（ITU-R）多边合作论坛、签署国家间关于 5G 设备采购的合作框架等举措，共同研发基于 Open RAN 的 5G 网络。

　　欧盟的 5G 部署较为缓慢。根据欧洲工业圆桌会议（ERT）的研究报告统计，目前欧盟 27 个成员国中，一半以上的地区尚未启动 5G 商用服务。欧洲当前 4G 网络的普及率也低于其他地区的国家，这进一步延缓了欧洲升级 5G 的进程。2020 年 9 月，欧盟委员会发布了一份倡议书，呼吁欧盟成员国在 2021 年 3 月 30 日前开发 5G "最佳实践"工具箱，以削减成本、简化流程、加速 5G 服务部署，并为 5G 无线频谱提供更多的跨境协调。英国政府宣布启动 3000 万英镑（约合人民币 2.75 亿元）的 "5G 创造"基金，该基金将作为 5G 试验平台和试验计划（5GTT）的一部分，用以帮助开发 5G 技术的创新项目。日本两大移动运营商软银和 KDDI 计划在未来 10 年向日本的 5G 网络投资总计 380 亿美元，在高速移动通信领域追赶世界领先水平。

　　6G 布局逐渐开启。当前，各国在新技术领域的竞争日趋激烈，并加快开发和部署 5G 网络，同时逐步开启 6G 研发的战略规划。美国、日本、韩国等国已展开行动布局 6G 研发。2020 年 3 月，国际电信联盟启动面向 2030 年及以后技术的研发，将 6G 技术作为其中的重要部分。2020 年 6 月，日本正式发布 "6G 综合战略"，将通过财政支持和税收优惠等手段推动 6G 技术研发，力争在 5 年内实现相关关键技术突破。韩国政府拟在 2021—2026 年投入约 2000 亿韩元（约合 1.69 亿美元）来开发 6G 技术，为技术研发及产业化奠定基础。韩国政府预测，其 6G 技术最快将于 2028—2030 年实现商用化。

三、5G 发展总体状况

1. 近 10 年 5G 论文发表情况

5G 已成为全球科研领域关注的焦点之一。5G 科研论文主要分布在工程学、电子科学、计算科学、信息系统等领域，同时与物理、化学等领域也有较多关联，覆盖面广，交叉特点明显。近年来，5G 领域的高水平科研论文发文量持续上升，研究创新保持活跃。

（1）国际论文历年数量

从国际论文历年数量来看，2010—2021 年，论文数量呈现持续上升态势，2010 年 5G 相关国际论文数量为 237 篇，2015 年为 2033 篇，2019 年上升为 11 768 篇，2021 年为 15 765 篇（图 5-1）。

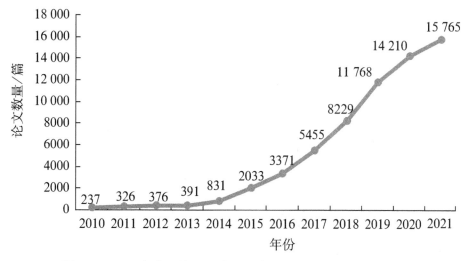

图 5-1 5G 移动通信国际论文历年数量（2010—2021 年）

（2）不同国家论文数量排名（TOP 10）

从不同国家历年论文数量排名来看，2010—2021 年，中国发表 5G 论文数量居全球首位，为 16 605 篇，美国位居第二，为 5352 篇，印度居第 3 位，为 2521 篇，之后为英国、韩国、德国、加拿大、意大利、法国和西班牙（图 5-2）。

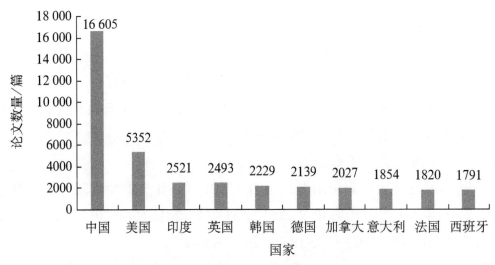

图 5-2　5G 移动通信不同国家论文数量排名（2010—2021 年）

（3）国际机构发文数量和论文被引频次 TOP 10

从国际机构发文数量 TOP 10 来看，北京邮电大学、诺基亚公司和华为技术有限公司排在前 3 位，发文数量分别为 1119 篇、914 篇和 879 篇。之后是欧洲研究型大学联盟 LERU、东南大学（中国）、爱立信公司、电子科技大学、西安电子科技大学、中国科学院、北京大学（图 5-3）。

在论文被引频次统计中，被引频次较高的 3 家机构依次为华为技术有限公司、欧洲研究型大学联盟 LERU 和北京邮电大学，被引频次分别为 66 次、59 次和 49 次。之后是伦敦大学、诺基亚公司、清华大学、东南大学（中国）、电子科技大学、纽约大学和纽约大学坦顿工程学院（图 5-4）。

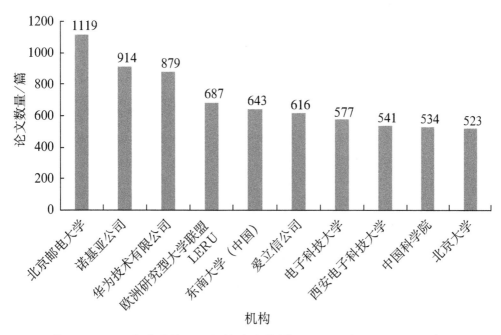

图 5-3　5G 移动通信国际机构发文数量 TOP 10（2010—2021 年）

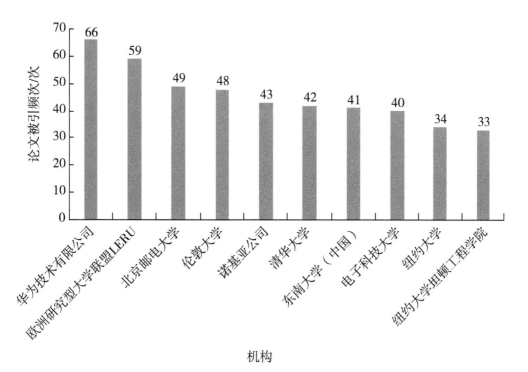

图 5-4　5G 移动通信国际机构论文被引频次 TOP 10（2010—2021 年）

2. 近 10 年 5G 专利申请情况

（1）国际专利申请数量情况

从 5G 技术领域的国际专利申请数量来看，5G 专利申请与知识产权布局近年发展进一步加快，2010—2021 年总体呈现快速上升态势，2010 年 5G 相关专利申请数量仅为 44 件，2015 年为 1004 件，2019 年上升为 8495 件，2020 年为 12 689 件，2021 年有所下降，为 10 057 件（图 5-5）。

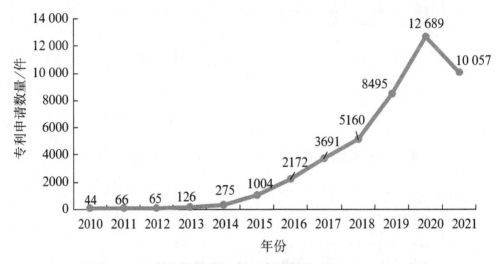

图 5-5 5G 移动通信国际专利申请数量（2010—2021 年）

（2）不同国家 / 地区专利申请数量排名（TOP 10）

从不同国家 / 地区历年专利数量排名来看，2010—2021 年，中国大陆 5G 专利数量居全球首位，为 27 033 件，美国位居第二，为 10 032 件，韩国第三，为 4503 件，之后为瑞典、日本、德国、芬兰、印度、中国台湾、法国（图 5-6）。

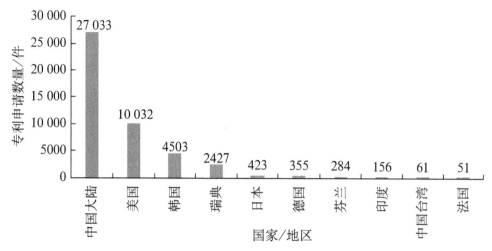

图 5-6　5G 移动通信不同国家／地区专利申请数量排名 TOP 10（2010—2021 年）

（3）主专利权人排名（TOP 10）

从主专利权人排名 TOP 10 来看，2010—2021 年，中国占 4 家，美国占 3 家，韩国占 2 家，瑞典占 1 家。其中，韩国的三星集团申请专利 2878 件，中国的华为公司申请专利 12 486 件，美国的高通公司申请专利 6795 件（图 5-7）。

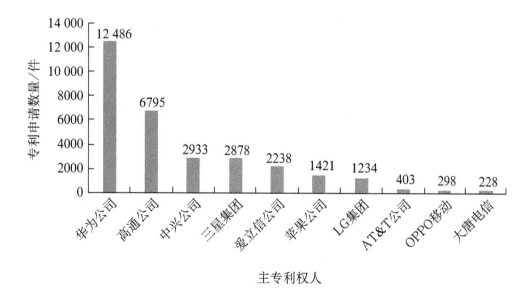

图 5-7　5G 移动通信主专利权人排名 TOP 10（2010—2021 年）

四、全球 5G 研究进展

1. 全球 5G 部署概况

Speedtest 网站的 Ookla 5G 地图追踪了 5G 在全球城市的推广情况。截至 2021 年 3 月，全球 5G 部署总计 19 570 家，5G 运营商达 162 家。其中，可商用（设备可供消费者购买使用）的有 19 349 家，可用率有限（设备可供特定消费者购买使用）的有 9 家，硬件已到位但未发行 / 未被消费者所用的有 212 家。根据 statista 预测，2025 年 5G 全球移动电信技术市场份额将达到 20%（图 5-8）。

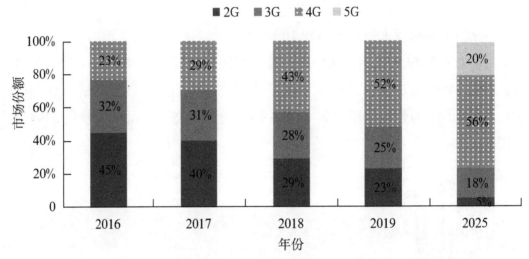

图 5-8　2016—2019 年及 2025 年全球移动电信技术市场份额[①]

2. 美国 5G 进展

根据 CTIA 年度调查，截至 2020 年 8 月，美国电信运营商已投资了 291 亿美元以满足消费者对移动数据的空前需求，并继续建设将在未来 10 年为美国经济提供动力的 5G 网络。这项巨额投资将帮助美国无线网络更好

---

① 资料来源：https：//www.statista.com/statistics/740442/worldwide–share–of–mobile–telecommunication–technology/。

地应对流量高峰和新冠肺炎疫情带来的冲击。预计 2023 年美国在蜂窝设备上的投资将达到 110 亿美元。其发展表现出以下特点：

一是无线投资继续增长，2019 年行业投资增至 291 亿美元，创 4 年来新高，占全球无线支出的 18%，而美国仅占世界人口的 4.5%。

二是移动流量继续增长，同比增长 30%，至 37 万亿 MB。比行业前 4 年的数据流量总和高出 43%，比 2010 年美国首次部署 4G 时增长了 96 倍。

三是 5G 站点增长迅速，2020 年无线行业增加了超过 46 000 个蜂窝站点，超过了 2015—2018 年的增长总和，达到了全美 395 562 个活动站点，并继续构建美国 5G 网络的骨干。

四是语音分钟和短信继续增加，语音分钟增加了近 30%，达到 3.1 万亿分钟，文本流量增加到 2.1 万亿条，比去年增加了 520 亿条。

五是无线连接总数创新高，增加了超过 2000 万个，总数为 4.425 亿个，智能手表和联网汽车等仅数据设备增长了 25% 以上，达到 1.748 亿个。

3. 欧洲 5G 进展

2020 年 9 月，欧洲启动了 3 个 5G 走廊试验项目。这些项目将共同为互联和自动移动领域的 5G 技术解决方案验证做出贡献，还将根据"欧洲互联设施 2 数字计划"（CEF2 Digital）提出有关服务要求和网络部署计划的见解。CEF2 Digital 将为 5G 走廊的部署提供财务支持，重点是跨境部分和其他经济困难的地区。此外，欧盟将启动 11 个 5G-PPP 项目，投资总额为 14 亿欧元，工作涵盖横跨 3 条跨境路线的交通领域和硬件创新计划，包括创建 3 个 5G 国际走廊，用于测试公路、铁路和海事部门的各种用例。欧盟委员会已通过"地平线 2020 年计划"划拨了 7 亿欧元的公共资金以支持 5G-PPP。

4. 日本 5G 进展

根据日本总务省 5G 移动通信展望计划，截至 2024 年，日本四大通信运营商在 5G 建设方面都有各自的计划。在 5G 投资金额方面，NTT DoCoMo 计划投资金额达到 7950 亿日元，远超过其他 3 家运营商，KDDI、

Softbank 和乐天分别计划投入 4667 亿、2061 亿和 1946 亿日元，用于 5G 基站建设。

在 5G 覆盖率方面，NTT DoCoMo 和 KDDI 均计划实现全国 90% 以上的 5G 覆盖率，Softbank 和乐天 5G 覆盖率只有全国的一半以上。在 5G 基站个数方面，KDDI 计划 2024 年年末拥有 30 107 个 5G 基站，包括 3.7 GHz、4.5 GHz 和 28 GHz 基站，为四大运营商之首；乐天计划拥有 23 735 个 5G 基站，之后是 NTT DoCoMo 13 002 个及 Softbank 11 210 个。

在移动虚拟运营商方面，NTT DoCoMo 计划拥有 850 万个 MVNO（移动虚拟网络运营商）合约，是第 2 名 KDDI 119 万个的 7 倍多，处于遥遥领先的地位，乐天计划拥有 70.6 万个，Softbank 只有 20 万个。但在 MVNO 数方面，乐天计划拥有 41 个，居四大运营商首位。NTT DoCoMo 现有 5G 工程师 10 000 名左右，计划 2024 年 5G 在全日本的覆盖率能达到 97.02%。

5. 韩国 5G 进展

2019 年，韩国三大运营商的资本开支达到了 8.08 万亿韩元（约合人民币 469 亿元），同比增长了 60%。2020 上半年，韩国运营商将进一步加大 5G 投资，资本支出从预订的 2.7 万亿韩元增加到 4 万亿韩元，增长将近 50%。据韩联社报道，韩国信息通信技术部 2021 年 1 月表示，当年将投资 1655 亿韩元（约合 1.5 亿美元）用于开发融合 5G 的新业务技术，如无人驾驶汽车和虚拟现实（VR）服务，从而进一步推动韩国对 5G 网络的使用。自 2019 年 4 月 5G 网络商用以来，韩国本土 5G 用户数呈现迅速增长，并于 2021 年 11 月突破 2000 万大关，渗透率达到 27.8%。

韩国信息通信技术部表示，计划投资 884 亿韩元用于开发自动驾驶汽车的基础设施，投资 450 亿韩元用于开发 VR 和 AR 服务，来加快 5G 应用服务的发展。剩余的资金将用于为智能工厂、智慧城市和数字医疗服务开发相关 5G 技术。韩国将 5G 视为其"数字化 New Deal 计划"的重要组成部分，该计划的目标是到 2025 年通过投资 58.2 万亿韩元，创造 90 万个工作岗位。到 2030 年，5G 对韩国经济的影响预测将达到 47.8 万亿韩元（约合 424 亿美元）[①]。

五、发展趋势

1. 5G 网络建设持续推进 [②]

有研究认为，从当前移动用户的发展现状与应用需求来看，4G 目前仍处于旺盛期，并仍有 5 ～ 10 年的生命周期，4G 将与 5G 互为补充共存较长一段时间。三大运营商在 4G 时代的成本投入尚未收回，因此，5G 商用后，4G 也不会退出舞台，仍将继续发展，并将与 5G 并存 10 年左右。

2. 5G 新应用场景将逐步普及

5G 是实现万物互联的关键信息基础设施，其应用场景可从移动互联网逐渐拓展到工业互联网、车联网、物联网等诸多领域。当前，5G 应用正处于导入期，5G 产品技术将逐步聚焦重大应用场景，如高铁和地铁、办公区和住宅区、智慧城市和环境监测、车联网和工业控制等。随着万物互联时代的到来，5G 技术将激发出新的消费需求，进而引发新的 5G 商用模式的出现与创新。

3. 5G 将加速产业融合发展

当前，5G 融合发展趋势日益明显，5G 与云计算、人工智能的融合发展不断深化。基于 5G 的产业融合变革正在加速，以 5G 技术为支撑的跨行业融合发展正在引发产业领域的深层次变革，并进一步推动新型信息化和工业化的深度融合。5G 与文体娱乐产业的融合，将解决高速率、大容量超高清视频与直播的应用需求；5G 与工业互联网的融合，可通过自动化、智能化的生产方式降低成本、增加效率，推动智能制造产业发展。5G+ 云 +AI 技术融合将加速数字溢出，成为数字经济时代的重要引擎。

---

① 　资料来源：《5G 全球发展趋势与战略 V2》。
② 　资料来源：搜狐、中国信通院，《2021 中国 5G 年度报告》，2021 年 5 月 17 日。

4. 5G 与卫星网络的融合将构建空天地一体化网络，形成全域覆盖网络

当前，全球性的卫星宽带网络已经启动建造，2020 年 3 月，美国商业航天公司 SpaceX 首次将 60 颗"星链"（Starlink）互联网卫星送入轨道。未来，SpaceX 将建造 12 000 颗狮子座卫星星座，利用这些卫星，将建立一个全球性的卫星宽带网络，并加速与 5G 网络的融合，实现空地联合的卫星物联网、卫星车联组网等业务应用。

5. 6G 研发已启动并将不断发展深化

当前，6G 联盟已宣布成立，2020 年 11 月，美国高通、微软、脸书（Facebook）、InterDigital，以及三大电信运营商威瑞森（Verizon）、AT&T 和 T-Mobile 等公司宣布成立 6G 联盟，以确保美国未来 10 年在下一代通信技术中保持领导地位，目前已经吸引全球 27 家巨头企业加入，几乎涵盖所有软硬件领域的佼佼者。同时，6G 智能网络架构的构建已经启动，2021 年 1 月 1 日，欧盟正式启动 6G 旗舰研究项目"Hexa-X"，其目标包括打造独特的 6G 用例和场景、开发 6G 基础技术及定义全新的 6G 智能网络架构，以实现 6G 各项关键使能技术的智能和有机整合。

（执笔人：许　晔）

第六章　RNA 疫苗研究进展

从 1960 年 mRNA 首次被成功提取，到 60 年后的今天我们通过改造 mRNA 得到具有划时代意义的新冠 mRNA 疫苗，这项技术正以前所未有的速度发挥着巨大的意义。mRNA 技术在各种传染病（包括 COVID-19、疟疾）、镰刀型细胞贫血、艾滋病、癌症等疾病治疗方面具有广阔的应用前景。从新冠 mRNA 疫苗的突破开始，mRNA 疫苗还将加速发展，为现代医学做出更多的贡献，可以在更广阔的领域进行探索。《麻省理工科技评论》发布 2021 年"全球十大突破性技术"名单，mRNA 疫苗以其在医学领域掀起的巨大变革荣登榜首。2021 年 9 月 24 日，生物医学领域的重要奖项，被誉为"诺贝尔奖风向标"的拉斯克奖公布，mRNA 疫苗的两位先驱获得临床医学研究奖。

一、概念与分类

RNA 疫苗是一类新型疫苗，由编码病原体特异性蛋白（抗原）的 mRNA 序列组成，一旦在体内表达，靶抗原便会被免疫系统识别，从而诱导所需的免疫反应。在 RNA 疫苗中，没有将活的 / 灭活的病原体或病原体特异性抗原直接插入人体，而是将包含病原体特异性抗原的遗传序列的 mRNA 序列插入体内，然后，该 mRNA 序列被宿主细胞的蛋白质合成机制用作模板以产生靶抗原。一旦产生免疫反应，靶抗原就会显示在细胞表面，以便专门的免疫细胞可以识别它并诱导病原体特异性免疫反应。这项技术有望彻底改变艾滋病、疟疾、流感等疾病的免疫接种[①]。

（一）RNA 疫苗的类型

1. 按 RNA 疫苗的功能分类

按照功能分类，可以将 RNA 疫苗分为预防性疫苗和肿瘤疫苗。

mRNA 预防性疫苗。编辑致病蛋白的 mRNA 药物可以作为一种针对病原体的预防性疫苗被注射到体内，尤其是在病毒预防方面，由于 mRNA 在细胞内表达蛋白质，可以很好地模拟病毒感染的自然状态。此外，可以将表达不同蛋白质的多种 mRNA 设计在同一个制剂中，比传统疫苗更容易开发为"多价"产品，且 mRNA 疫苗的开发周期比传统疫苗更短。

mRNA 肿瘤疫苗。通过 mRNA 编辑肿瘤抗原，激发人体的抗肿瘤免疫反应，该类药物叫作 mRNA 肿瘤疫苗。如果编辑的抗原为肿瘤通用型抗原，则为通用型 mRNA 肿瘤疫苗；如果编辑的抗原为患者个性化抗原，则为个性化 mRNA 肿瘤疫苗。

2. 按 RNA 的类型分类

按照 RNA 的类型分类，有 3 种 RNA 疫苗，包括非复制性 mRNA 疫苗、自我复制 mRNA 疫苗和体外树突状细胞非复制性 mRNA 疫苗。

非复制性 mRNA 疫苗。非复制性 mRNA 疫苗包括编码靶抗原的 mRNA 序列，其侧翼是 3' 和 5' 非翻译区（UTR）。mRNA 序列小，易于构建，因为它不包含任何其他支持 mRNA 自我复制的蛋白质编码序列。在大肠杆菌中产生的质粒 DNA 模板在体外转录，以产生目标疫苗 mRNA，然后使用 HPLC 纯化 mRNA 序列，以除去所有副产物。mRNA 序列中包含的真核或病毒 UTR 会增加序列的半衰期和稳定性，从而导致靶抗原的表达增加。

自我复制 mRNA 疫苗。在自我复制 mRNA 疫苗中使用了病毒基因组，

[①] PARDI N, HOGAN M J, PORTER F W, et al. mRNA vaccines – a new era in vaccinology[J]. Nat Rev Drug Discov, 2018, 17（4）: 261–279.

其中负责编码结构蛋白的病毒基因序列被目的抗原序列取代。以这种方式生成的病毒 RNA 序列仍可以复制，并且可以使用病毒 RNA 聚合酶进行转录。尽管自我复制 mRNA 疫苗的构建过程比非复制性 mRNA 疫苗更复杂，但是抗原编码的 mRNA 序列有更高的扩增速率，使自我复制 mRNA 疫苗在产量方面更具优势。

体外树突状细胞非复制性 mRNA 疫苗。树突状细胞是在细胞表面表达抗原的抗原呈递细胞，因此，专门的免疫细胞（如 T 细胞）可以识别抗原并启动细胞免疫反应。体外树突状细胞非复制性 mRNA 疫苗是从患者血液中分离树突状细胞，用目的 mRNA 序列转染，然后施用于患者，以诱导所需的免疫反应。

（二）RNA 疫苗的技术重点

RNA 疫苗技术主要包括靶点抗原的筛选与发现、mRNA 的生产、mRNA 纯化、mRNA 递送、产品安全性和有效性分析方法建立等环节，其中，mRNA 体外合成和递送技术最为关键。

1.mRNA 的体外合成优化

mRNA 承担着将遗传信息传递为蛋白质的桥梁作用。mRNA 疫苗中的 mRNA 进入人体细胞的细胞质后，mRNA 被翻译，最终生产出对应的蛋白质，从而激活免疫系统产生免疫反应或对自身表达缺陷的蛋白质进行补充。

体外合成过程包括模板线性化、体外转录、转录后修饰和模板降解 4 个环节。该过程优化的重要性主要体现在以下两个方面。

对 mRNA 分子的修饰，影响着疫苗的稳定性、翻译效率、免疫原性。mRNA 疫苗的开发始于对蛋白质结构和对应 DNA 片段的解析，从而获取翻译该蛋白质所需的 mRNA 分子。但仅根据 DNA 片段获取到的"初始"mRNA 分子往往存在着稳定性不佳等问题，所以，在此基础上对 mRNA 分子进行结构优化，对于最终获取安全、稳定、有效的 mRNA 疫苗十分重要。

mRNA 体外合成过程原料的优化，可有助于合成出纯度高、收率高的 mRNA 样品，大大缓解后续的纯化压力。mRNA 疫苗的第一步保障仍然是对 mRNA 合成质量的严格把控。上游越完善，对下游施加的压力就越小。另外，选择可扩展且适合 GMP 制造的原料很重要，也将避免生产线上 mRNA 不合格导致资金浪费，以及生产进程延误等问题。

2. 疫苗递送载体

由于 mRNA 是一个包含负电荷的大分子，无法穿过由阴离子脂质构成的细胞膜，而且在体内会被先天免疫系统的细胞吞噬，或者被核酸酶降解，因此需要创新的递送载体。目前的递送载体包括以下几种类型。

（1）脂质纳米颗粒

脂质纳米颗粒（LNP）是临床进展较快的 mRNA 递送技术，目前所有获得授权使用的新冠 mRNA 疫苗均采用 LNP 作为载体。LNP 具有多种优势，包括配方简易，具有模块性、生物相容性，mRNA 载荷水平高。

LNP 通常包含 4 种成分：可电离脂质（Ionizable Lipid）、胆固醇、辅助磷脂和 PEG 修饰的脂质分子。它们结合在一起保护脆弱的 mRNA 分子。

可电离脂质分子可以说是 LNP 中最重要的成分，它们在酸性环境下携带正电荷，可以与携带负电荷的 mRNA 结合生成 LNP。可电离脂质分子在生理 pH 值时呈中性，这提高了它们的安全性，并且延长了其在血液循环中的驻留时间。在被细胞吞噬进入内体后，内体的酸性环境会让它们重新携带正电荷，从而促进与内体细胞膜的融合，将 mRNA 释放到细胞质中。

胆固醇能够提高纳米颗粒的稳定性，并且帮助脂质体与内体细胞膜融合。PEG 修饰的脂质分子可提高 LNP 的稳定性，通过限制脂质融合来调节纳米颗粒的大小，并通过降低与巨噬细胞的非特异性相互作用来提高纳米颗粒的半衰期。

（2）复合物和聚合物纳米粒子

虽然临床进展不如 LNP 迅速，但是聚合物与脂质具有类似的优点，也能够有效递送 mRNA。阳离子聚合物可以与 mRNA 形成不同大小的复合体。

目前，已经有多种可以被生物降解的聚合物材料用于有效递送 mRNA。与可电离脂质分子类似，pH 值敏感的聚合物也已经被用于递送 mRNA。这些聚合物在内体的酸性 pH 值下会被质子化，促进 RNA 的释放。

（3）其他递送系统

除基于脂质和聚合物的递送方式外，多肽也可以被用于递送 mRNA，因为有些氨基酸携带阳离子或双亲性氨基基团，可以与 mRNA 结合。基于角鲨烯（Squalene）的阳离子纳米乳液也被用于递送 mRNA。这些纳米乳液由一个基于角鲨烯的核心和一个脂质外壳构成，mRNA 被吸附在纳米乳液的表面。有些角鲨烯的配方可以起到佐剂的作用。例如，诺华的 MF59 在 FDA 批准的流感疫苗中作为佐剂，MF59 促使注射部位的细胞分泌趋化因子，募集抗原呈递细胞，促进单核细胞分化为树突状细胞，并且增强抗原呈递细胞的抗原摄取。

二、总体发展状况

（一）近 10 年 RNA 疫苗发文情况

对 2010 年以来 RNA 疫苗相关文献进行检索，共检索到 7881 篇。从 RNA 疫苗历年发文趋势来看，论文数量逐年增长，2017 年后数量明显增多，受到新冠肺炎疫情的影响，2021 年 RNA 疫苗发文数量激增，达到 3448 篇，占全部发文量的 43.8%（图 6-1）。

从 RNA 疫苗发文数量 TOP 10 国家来看，美国占据绝对的领先地位，自 2010 年起，美国在该领域发文数量达到 2187 篇，占全部发文量的 27.8%，之后为中国、德国、意大利和英国，分别为 793、540、398 和 360 篇（图 6-2）。从论文的质量来看，美国明显高于其他国家，美国在 RNA 疫苗领域论文总被引频次达到 76 569 次，篇均被引频次高达 35 次，中国虽然发文数量高于德国和英国，但是篇均被引频次低于这两个国家（表 6-1）。

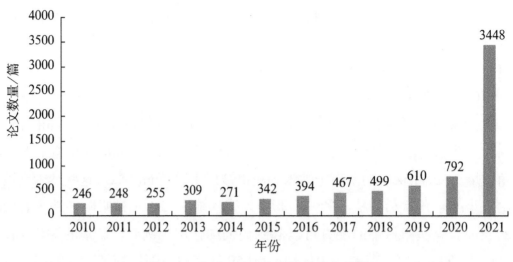

图 6-1　全球 RNA 疫苗历年发文趋势

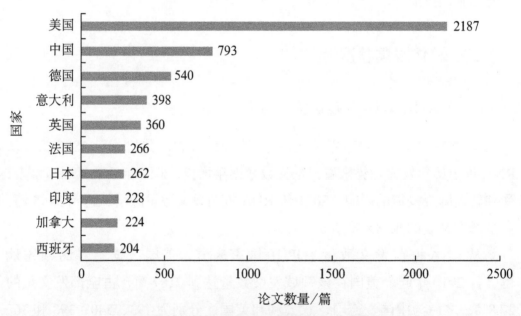

图 6-2　RNA 疫苗发文数量 TOP 10 国家

表 6-1 各国 RNA 疫苗发文及引用情况

排名	国家	论文数量 / 篇	总被引频次 / 次
1	美国	2187	76 569
2	中国	793	16 839
3	德国	540	20 997
4	意大利	398	5920
5	英国	360	16 425
6	法国	266	4673
7	日本	262	4113
8	印度	228	3987
9	加拿大	224	5866
10	西班牙	204	3547

从发文数量 TOP 10 机构来看，RNA 疫苗发文数量较多的机构集中在美国，前 10 名机构中有 7 家来自美国，其中哈佛大学发文数量最多，达到 178 篇，总被引频次高达 11 243 次，法国、中国和以色列各有 1 家机构进入前 10 名（图 6-3、表 6-2）。

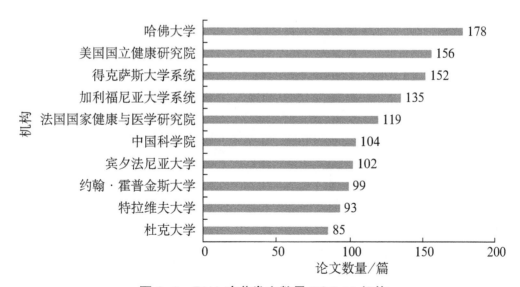

图 6-3 RNA 疫苗发文数量 TOP 10 机构

表 6-2　各机构 RNA 疫苗发文及引用情况

排名	机构	发文数量 / 篇	被引频次 / 次	所在地
1	哈佛大学	178	11 243	美国
2	美国国立健康研究院	156	9498	美国
3	得克萨斯大学系统	152	8431	美国
4	加利福尼亚大学系统	135	6492	美国
5	法国国家健康与医学研究院	119	2058	法国
6	中国科学院	104	2369	中国
7	宾夕法尼亚大学	102	4790	美国
8	约翰·霍普金斯大学	99	6644	美国
9	特拉维夫大学	93	2757	以色列
10	杜克大学	85	3814	美国

（二）近 10 年 RNA 疫苗专利申请情况

从 RNA 疫苗专利申请情况来看，2010—2016 年 RNA 疫苗专利申请数量比较稳定，随着技术的进步，2016 年之后专利申请数量明显上升，2020年的新冠肺炎疫情使 RNA 疫苗的热度显著上升，专利申请数量超过 300 件（图 6-4）。

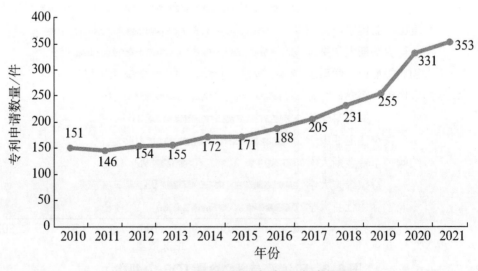

图 6-4　RNA 疫苗历年专利申请数量

从 RNA 疫苗专利申请数量 TOP 10 国家来看，中国在该领域的专利申请数量已经超过美国，达到 1114 件，美国为 733 件，中美两国远超其他国家，超过 100 件专利的国家还有德国和韩国，数量分别为 194 和 108 件（图 6–5）。

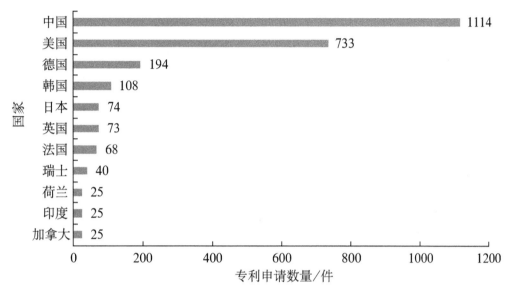

图 6–5　RNA 疫苗专利申请数量 TOP 10 国家

从专利申请数量 TOP 10 机构来看，企业占据明显优势，排名前 3 位的均为企业，其中，在新冠肺炎疫情中成功研发 RNA 疫苗的莫德纳和 CureVac 分列第 2、第 3 位。前 10 名机构中有 5 家来自中国，这也说明中国在 RNA 疫苗应用领域进入全球领先水平（表 6–3）。

表 6–3　RNA 疫苗专利申请数量 TOP 10 机构

排名	机构	专利申请数量 / 件	所在地
1	赛诺菲	110	法国
2	莫德纳	45	美国
3	CureVac	40	德国

续表

排名	机构	专利申请数量 / 件	所在地
4	中山大学	28	中国
5	Enanta 制药	26	美国
5	加利福尼亚大学	26	美国
7	复旦大学	23	中国
8	中国医学科学院	21	中国
9	中国人民解放军 军事医学科学院	20	中国
10	法国国家科研中心	19	法国
10	Idera 制药	19	美国
10	浙江大学	19	中国

三、全球研发进展

（一）RNA 疫苗全球布局情况

据统计，截至 2021 年 7 月 31 日，全球 25 家公司共有 108 个在研疫苗产品，包括 76 个预防性疫苗，32 个治疗性疫苗。76 个预防性疫苗中，新冠疫苗 22 个，其他感染疾病疫苗 40 个，未知 14 个。32 个治疗疫苗中，肿瘤疫苗 21 个，其中 16 个为单一癌种疫苗，5 个为个性化肿瘤疫苗[①]。这些企业分布在全球 11 个国家，其中美国 5 家、德国 3 家、中国 8 家、比利时 2 家（表6-4）。

---

① XIE W，CHEN B，WONG J. Evolution of the market for mRNA technology[J]. Nat Rev Drug Discov，2021. DOI：10.1038/d41573-021-00147-y. Epub ahead of print. PMID：34475543.

表 6-4　RNA 疫苗在研产品

序号	企业	预防性疫苗 / 个	治疗性疫苗 / 个	企业所在国家	数量 / 个
1	莫德纳	15	2	美国	17
2	BioNTech	5	7	德国	12
3	斯微生物	5	9	中国	14
4	CureVac	6	3	德国	9
5	TranslateBio	4	0	美国	4
6	Ziphius	10	0	比利时	10
7	Biorchestra	3	0	韩国	3
8	Arcturus	2	0	美国	2
9	丽凡达生物	3	1	中国	4
10	本导基因	1	1	中国	2
11	达冕基因	3	1	中国	4
12	Ethris	3	0	德国	3
13	蓝鹊生物	1	1	中国	2
14	厚存纳米	4	1	中国	5
15	eTheRNA	1	3	比利时	4
16	pHion	0	3	澳大利亚	3
17	艾博生物	2	0	中国	2
18	Globe Biotech	1	0	孟加拉国	1
19	Biocad	1	0	俄罗斯	1
20	康希诺	1	0	中国	1
21	Daiichi	1	0	日本	1
22	HelixNano	1	0	美国	1
23	GlaxoSmithKline	1	0	英国	1
24	GreenLight	1	0	加拿大	1
25	HDT Bio	1	0	美国	1
	总计	76	32		108

（二）新冠肺炎 mRNA 疫苗进展

截至 2021 年 6 月 18 日，已有 185 种 COVID-19 候选疫苗处于临床前开发阶段，另有 102 种疫苗进入临床试验，其中 19 种是 mRNA 疫苗。新冠肺炎疫情让 mRNA 技术成功"出道"，收到空前的关注。

2020 年 12 月 11 日，辉瑞 /BioNTech 的疫苗 BNT162b2 获得了 FDA 紧急授权，成为首个获批的 mRNA 疫苗。辉瑞和 BioNTech 共同开发了 5 种编码刺突蛋白抗原变体的 mRNA 疫苗候选产品，其主打产品为 BNT162b1 和 BNT162b2，其中所有尿苷都被 N1- 甲基 – 假尿苷取代，以增强 mRNA 翻译。BNT162b1 编码刺突蛋白受体结合域的三聚体分泌型，而 BNT162b2 编码全长 SARS-CoV-2 刺突糖蛋白，在 S2 亚基上有两个脯氨酸替换，这将蛋白锁定在其融合前构象。

2020 年 12 月 18 日，美国 FDA 官网宣布为第 2 种预防由 SARS-CoV-2 引起的 COVID-19 颁发紧急使用授权（EUA）。紧急使用授权允许将美国 Moderna 公司的新冠疫苗（mRNA-1273）在美国分发，以供 18 岁及以上的个人使用。数据显示，疫苗效力为 95.6%（18 ～ 65 岁）和 86.4%（≥ 65 岁）。

2021 年 8 月 23 日，辉瑞 / BioNTech 的 mRNA 新疫苗正式获 FDA 批准，用于预防 16 岁及以上人群的 COVID-19，根据临床试验结果，该疫苗预防 COVID-19 的有效率为 91%。据悉，该疫苗还可以根据紧急使用授权（EUA）继续提供，作为 12 ～ 15 岁的个人及某些免疫功能低下的个人的第三剂疫苗。

2021 年 8 月，来自麻省理工学院的华人科学家张锋教授带领的研究团队成功开发了一种全新的 RNA 递送平台——SEND。SEND 以人体内天然存在的 RNA 运输蛋白 PEG 10 为基础，通过对 PEG 10 蛋白进行改造，可以将不同的 RNA 运送到不同的细胞或器官。由于 PEG 10 是天然存在于人体中的蛋白质，该平台相较于其他 RNA 递送方法可以有效避免机体的免疫攻击。

国内目前获得新冠 mRNA 疫苗临床批件的企业包括复星医药、艾博生物、斯微生物和丽凡达生物。

2021 年 3 月 16 日，珠海丽凡达生物研制的新冠病毒 mRNA 疫苗获得国家药监局（NMPA）核准签发的《药物临床试验批件》，正按计划启动临床试验。该疫苗为继沃森生物及斯微生物之后的第 3 款国产新冠 mRNA 疫苗。

2021 年 3 月 25 日，由斯微生物、同济大学附属东方医院合作研发的mRNA 新冠疫苗的 1 期临床试验正式启动。

2021 年 7 月 14 日，复星医药董事长兼 CEO 吴以芳在股东大会上回复投资人问询时表示，国家药监局对 mRNA 新冠疫苗"复必泰"的审定工作已经基本完成，专家评审已经通过，目前正在加紧进行行政审批。

2021 年 7 月 21 日，沃森生物和艾博生物合作研发的 mRNA 新冠疫苗（ARCoV）在中国临床试验网上登记了国内 3 期临床研究信息。这是国产mRNA 新冠疫苗开展的首个 3 期临床试验。

（三）RNA 疫苗在其他传染病中的进展

随着技术的进步，应对其他传染病的 RNA 疫苗也逐步进入临床试验阶段，RNA 疫苗在流感病毒、寨卡病毒、登革热、艾滋病毒、呼吸道合胞病毒、埃博拉病毒、狂犬病毒及疟疾等病毒的预防方面都有望获得成功[1]。

1. 流感病毒

2021 年 6 月 22 日，赛诺菲的疫苗全球业务部门赛诺菲巴斯德和Translate Bio 合作启动了一项评估 mRNA 疫苗治疗季节性流感的 1 期临床试验。两家公司将在该 1 期临床试验中评估两种疫苗配方（MRT5400 和MRT5401）。流感病毒变异体较多，且传统流感疫苗是在鸡蛋中培养的灭活

---

[1] CHAUDHARY N，WEISSMAN D，WHITEHEAD K A. mRNA vaccines for infectious diseases：principles，delivery and clinical translation[J]. Nat Rev Drug Discov，2021. https：//doi.org/10.1038/s41573-021-00283-5.

流感病毒，生产时间长，纯化困难，因此，确实需要替代抗原靶点和生产方法。体外转录的合成 mRNA 可以满足这一需求，并确保在出现全新流感毒株时快速生产疫苗。

2. 寨卡病毒和登革热

所有寨卡病毒感染都是由单一的血清型引起的，这表明接种任何一种病毒的抗原都可以预防所有寨卡病毒。膜和包膜蛋白（prM-E）是抗寨卡病毒 mRNA 疫苗常见的抗原选择，抗 prM-E 的中和抗体可以防止病毒融合。

2019 年 5 月，一项 1 期临床试验的中期结果表明，Moderna 的 mRNA-1893 疫苗在 10 μg 和 30 μg 剂量组可诱导 94%～100% 的血清转化，并且耐受性良好。

2020 年 9 月，一项研究采用被动免疫方法，使用基于角鲨烯的纳米载体传递中和 ZIKV-117 单克隆抗体（mAbs）的 mRNA，表明 mRNA 编码的中和单克隆抗体可能具有预防和治疗活性。登革病毒与寨卡病毒来自同一病毒家族，它们的包膜蛋白有 54%～59% 的氨基酸序列重叠。因此，寨卡疫苗编码的包膜蛋白抗原可能刺激抗体的产生，这些抗体与登革热包膜蛋白发生交叉反应。

3. 呼吸道合胞病毒（RSV）

呼吸道合胞病毒（RSV）是全球急性下呼吸道感染的主要原因，每年造成大约 6 万名 5 岁以下儿童死亡。但由于存在许多困难，40 年来尚未生产出经批准的 RSV 疫苗。

2021 年 5 月，Moderna 正在评估 3 种编码预融合 F 蛋白的单剂量候选疫苗：用于成人的 mRNA-1172（使用默克公司专有 LNPs）、mRNA-1777（使用 Moderna 专有 LNPs），以及用于儿童的 mRNA-1345（使用 Moderna 专有 LNPs）。在 1 期临床试验中，mRNA-1777 与 RSV 中和抗体引发了强大的体液反应，CD4$^+$ T 细胞对 RSV F 肽产生了反应，且没有严重的不良事件。1 期临床试验中期数据表明，100 μg 剂量的 mRNA-1345 在接种 1 个月后产生的中和抗体滴度大约是 mRNA-1777 的 8 倍。Moderna 的目标是将

mRNA-1345 与其儿科人偏肺病毒 / 副流感病毒 3 型（hMPV/PIV3）候选疫苗产品 mRNA-1653 整合在一起，并作为一种单独配方，为儿童接种针对 3 种不同病原体的疫苗。

4. 埃博拉病毒（EBOV）

2014—2016 年西非暴发的埃博拉疫情夺走了 11 000 多人的生命。2019 年，FDA 批准了一种基于重组水疱性口炎病毒（VSV）的埃博拉疫苗（rVSV-EBOV），但临床试验中显示出一些安全性问题。针对 EBOV 的 mRNA 疫苗可能比这种基于病毒的疫苗更安全，因为它们不会在体内复制。

2016 年，一种 mRNA 疫苗已在小鼠中证明了其有效性，该疫苗将未经修饰的、自扩增的编码 EBOV 糖蛋白的 mRNA 传递到聚（氨基胺）树状聚合物纳米颗粒中。该疫苗可诱导 CD8+ T 细胞和 CD4+ T 细胞产生糖蛋白特异性 IgG 抗体，并产生高表达的 IFNγ 和 IL-2，两种剂量方案（两剂 4 μg 或一剂 40 μg）均可保护小鼠免受死亡。2018 年 1 月，另一项研究使用 LNP 封装、核苷修饰的编码 EBOV 糖蛋白的 mRNA，以两次 20 μg 的剂量接种至豚鼠，诱导产生高抗体滴度，保护动物免受病毒的致命攻击。

5. 狂犬病毒

尽管狂犬疫苗已获批准，但每年仍有超过 5 万人死于狂犬病。为了满足这一需求，CureVac 部署了其 RNActive 平台，在其狂犬病候选基因 CV7201 中递送编码狂犬病毒糖蛋白的未经修饰的 mRNA。CureVac 使用由 Acuitas Therapeutics 公司生产的专有 LNPs 作为其新型狂犬病候选药物 CV7202 的递送载体。在一项临床前研究中，CV7202 递送未经修饰的编码狂犬病毒糖蛋白的 mRNA，并产生强大的抗体和 CD8+ T 细胞和 CD4+ T 细胞应答。在非人类灵长类动物中，受试动物间隔 28 天注射两次 100 μg 剂量狂犬疫苗，结果显示具有良好的耐受性，其抗体滴度比商业许可的狂犬疫苗高 20 倍。

2021 年 2 月，mRNA 狂犬疫苗 1 期研究结果表明，两剂 1 μg 剂量的疫苗就能产生较高的中和滴度和较强的适应性免疫反应，且耐受性良好。

（四）肿瘤 RNA 疫苗的研发进展

2019 年《麻省理工科技评论》将癌症疫苗评选为年度"十大突破性技术"之一。随着个体化癌症疫苗取得的进展和突破，它已被誉为继免疫检查点抑制剂和 CAR-T 疗法之后，癌症免疫领域或将会出现的第三大突破。而肿瘤 RNA 疫苗是癌症疫苗中非常重要的一类，近年来也取得了不少进展，但是受到新冠肺炎疫情的影响，mRNA 疫苗研发大量转向传染病领域，肿瘤 RNA 疫苗研发进展放缓。

2021 年 6 月，BioNTech 肿瘤疫苗进入 2 期临床试验。目前有 120 名癌症患者正在参与第二阶段的临床试验，其中首位病患已经接受了给药。临床前和早期的临床数据显示，这种疫苗足够安全，可以在临床研究过程中取得进展。试验将评估 BNT111 与 Libtayo 联合的疗效、耐受性和安全性，正在招募现有的黑色素瘤 3 期或 4 期患者，并将评估组合的效果，以及独立的个体药剂。其中，Libtayo 是一种抗 PD-1 单克隆抗体，由再生元和赛诺菲共同开发。BioNTech 是第一家将 mRNA 个性化肿瘤疫苗引入临床的公司，推动 mRNA 的癌症免疫疗法进入临床试验阶段，用于治疗多种实体瘤。

2019 年 8 月，免疫肿瘤学新锐公司 Elicio Therapeutics 展示了其针对 7 种 KRAS 突变体（mKRAS）的癌症疫苗的重要临床前数据。数据结果表明，靶向 mKRAS 抗原的癌症疫苗能够诱发强效的细胞裂解。ELI-002 包含 7 个 mKRAS 肽段，该疫苗接种后产生的免疫应答能够产生对 KRAS 蛋白突变体的强力免疫反应。此外，这种疫苗不但可以激活 $CD8^+$ T 细胞，还可以激发 $CD4^+$ T 细胞的反应。在体外用 mKRAS 特异性多肽再刺激时，可产生高水平的 Th1 辅助细胞因子。在体内，通过疫苗免疫应答产生的 T 细胞对表达 mKRAS 的靶细胞具有强大的裂解功能。此疫苗可覆盖 99% 携带 *KRAS* 基因突变的肿瘤。

2019 年 5 月，Moderna 公司在研 mRNA 肿瘤疫苗 mRNA-4157 将进入 2 期临床试验，其 1 期临床试验显示，mRNA-4157 单用和与 K 药联用的安全性、耐受性良好，该疗法将继续与 K 药联用，用于辅助治疗手术后仍具有高复发风险的黑色素瘤患者。此外，该公司的 mRNA-5671、2416、2752 等多种 mRNA 疫苗正在进行包括结直肠癌、NSCLC、胰腺癌等多种实体瘤在内的 1 期临床试验。

mRNA 技术领域的领先公司 CureVac 宣布与耶鲁大学联合开展基于 mRNA 的肺部治疗候选药物的研究。2020 年，其研发的 CV8102 等多种 mRNA 疫苗也在进行多癌种的 1 期临床试验。

罗氏旗下的基因泰克（Genentech）在此前与 BioNTech 达成全球战略合作，开展 mRNA 个性化肿瘤疫苗的研发。2020 年 4 月，罗氏和 BioNTech 在 2020 年美国癌症研究协会（AACR）网络会议上公布了 mRNA 个性化肿瘤疫苗 RO7198457（也称 BNT122）的 1b 期临床试验结果。这是一项评估局部晚期或转移性实体瘤患者 [包括非小细胞肺癌（NSCLC）、三阴性乳腺癌（TNBC）、黑色素瘤和结直肠癌（CRC）等多癌种] 接受 RO7198457 联合抗 PD-L1 抗体 Tecentriq 的临床研究，患者接受剂量为 15 ～ 50 μg 的 RO7198457 联合 T 药治疗。结果显示，在 108 例接受至少一次肿瘤评估的患者中，9 例有反应，ORR 为 8%，其中 1 例完全缓解（CR），53 例病情稳定（SD）。

四、发展趋势

（一）新冠肺炎疫情促进 mRNA 疫苗研究提速

新冠肺炎疫情暴发之前，虽有多项 RNA 疫苗研发进入临床 3 期试验，但是从未有过成功的案例。对疫苗的需求显著推动了 RNA 疫苗的研发进程，通常情况下，疫苗研发至少需要 8 ～ 10 年的时间，而此次新冠 mRNA 疫苗从启动研发到上市应用仅耗时 10 个月，这是一种前所未有的研发速度。

自 2020 年以来，针对新冠病毒新启动开发的 mRNA 疫苗项目多达 44

项，另外，针对流感病毒、HIV 病毒、乙肝病毒、寨卡病毒及其他病毒感染，以及肿瘤等非感染性疾病开展研究的疫苗有 44 项[①]。这一年启动的项目超过之前的总和，mRNA 疫苗的快速研发给许多疾病的治疗带来了新的方案。

（二）我国 RNA 疫苗研发进入全球领先水平

近 10 年来，我国在新兴技术上加强部署、持续支持，同时，在新冠肺炎疫情暴发之后，我国高度重视并及时布局 RNA 疫苗研发，取得了很多重要进展。从 RNA 疫苗的文献、专利及产品来看，我国 RNA 疫苗研发已经进入全球领先水平，论文数量仅次于美国，居第 2 位，专利申请数量已经达到全球第一，RNA 疫苗产品仅次于美国和德国，已经有 RNA 疫苗进入 3 期临床试验，达到国际先进水平。

（三）RNA 疫苗具有广阔的应用前景

RNA 疫苗有望比其他疫苗更快、更便宜、适应性更强、更容易批量生产，拥有广阔的应用前景。RNA 疫苗具有以下几点优势。

快速生成。RNA 疫苗基于一个生化合成过程，与使用灭活病毒等复杂的传统技术相比，它涉及的成分和步骤更少，因此可以更快地进入临床试验，也可以在试验完成后迅速量产（几周到几个月的时间就可以完成）。

开发成本可以更低。其他疫苗往往需要更多的蛋白质，而 RNA 疫苗只需将少量的 RNA 输入人体。这意味着每一剂 RNA 疫苗都可以更便宜地制造出来。

适应性更强，更容易大规模生产。同一个 RNA 疫苗平台可以用来生产针对不同疾病的疫苗，包括已知的和将来可能出现的疾病。理论上，一个疫苗生产商可以使用这一个平台来生产多款疫苗。而使用其他技术路线的

---

① 李爱花，杨雪梅，孙轶楠，等 . 核酸疫苗研发态势与发展建议 [J]. 中国工程科学，2021，23（4）：153–161.

疫苗，如 MMR（麻疹、腮腺炎和风疹疫苗）和 Ervebo（埃博拉疫苗之一），每一种都需要特定的工厂来生产。

理论上引起不良反应较小。mRNA 无须进入细胞核即可发挥功能，mRNA 只需要到达细胞质即可启动蛋白质翻译。相反，DNA 需要先进入细胞核，再通过转录生成 mRNA。这个过程使 DNA 的效率低于 mRNA，因为其功能取决于细胞分裂过程中核被膜的破坏。与 DNA 和病毒载体相比，mRNA 不会插入基因组，而只是瞬时表达编码蛋白，因此，其低插入风险为研究人员和制药公司提供了绝佳的安全选择。mRNA 很容易通过体外转录（IVT）过程合成，这个过程相对廉价，并且可以快速应用于各种疗法。

潜力巨大。mRNA 在理论上能够表达任何蛋白质，因此可以治疗几乎所有疾病。从制药行业的角度来看，mRNA 是一种非常有潜力的候选药物，可以满足基因治疗、癌症治疗及疫苗等的需求，具有传统治疗方法无可比拟的优越性，理所当然地成为一种富有前景的免疫治疗方法。

（四）RNA 疫苗应用面临诸多挑战

1. 针对变异病毒的疫苗开发

病毒基因组在复制时常常会发生突变。虽然大部分突变对病毒的功能没有影响，但是有些突变可能增强免疫逃逸，限制疫苗的效力。例如，HIV 病毒的迅速突变导致经过 30 多年的努力仍然没有开发出有效的疫苗。流感疫苗的突变需要疫苗开发商每年针对主要的病毒株对疫苗配方进行修改。

新冠病毒新近出现的突变也让人们关注 mRNA 疫苗对突变体的效果。目前，多家公司已经着手开发针对突变株的增强疫苗。从长远来看，开发一种能够预防新冠病毒和其他未来冠状病毒的泛冠状病毒疫苗非常重要。目前的研究已经提供了概念验证。借鉴 HIV 和流感病毒的经验，对新冠病毒结构的新洞见将促进发现在不同冠状病毒中保守的位点，加快抗原发现和疫苗设计。就新冠肺炎疫情而言，新冠病毒的多次变异已经引起了人们对 mRNA 疫苗的交叉变异效力的关注。幸运的是，FDA 批准的 mRNA 疫苗 BNT162b2 和 mRNA-1273 能产生针对 B.1.351 和 P.1，以及其他变体的交叉中和抗体，这表明它们可以对这些变体提供保护。

2. 安全性

作为一种新型疫苗，RNA 疫苗的安全性试验数据没有传统疫苗那么丰富，事实证明，mRNA 抗原和传递载体成分需要进一步优化。例如，CureVac 基于鱼精蛋白的狂犬病候选药物 CV7201 在 78% 的参与者中引发了严重的不良事件，促使 CureVac 采用 LNPs 作为其后续狂犬病候选药物 CV7202 的首选交付平台。在 BNT162b2 接种中，大约百万分之 4.7 的接种者出现过敏反应，而在 mRNA-1273 的接种中，大约百万分之 2.5 的接种者出现过敏反应，是使用传统疫苗时的 2～4 倍。很明显，mRNA 疫苗开发领域需要对疫苗配方导致过敏反应的机制有更深入的了解，从而改进配方，提高安全性。

3. 特定人群的疫苗接种

孕产妇、儿童、老年人等特定人群由于免疫系统的不同，一些病毒对其会产生更严重的影响，而 mRNA 疫苗在该类人群中的使用也需要进一步的纵向评估。不过目前的试验证明，针对新冠病毒的 mRNA 疫苗在孕妇和哺乳期人群中也被证明具有免疫原性，在脐带血和人乳中也检测到中和抗体，并且其不良事件比例与非孕人群类似，没有增加新生儿死亡或先天性异常的发生率。

越来越多的证据表明，mRNA 疫苗可能对所有年龄组都有效。BNT162b2 疫苗在所有年龄为 12～15 岁的治疗组中获得了 93% 的疗效，mRNA-1273 在 ≥ 65 岁的志愿者中的有效率为 86.4%，而在 18～65 岁的志愿者中的有效率为 95.6%。同时，mRNA 递送载体可以作为炎症佐剂，通过增强抗原提呈细胞在注射部位的招募来增强疫苗的免疫应答，提高老年人疫苗注射的疗效。

4. 疫苗的可及性

mRNA 疫苗的运输需要冷藏，这影响了疫苗在一些国家或地区的可及性。日后的改进方向可能为耐高温疫苗的研究。疫苗的可及性是达到广泛保护目的所面临的最大挑战，特别是在低收入国家。对于已经获得授权的 mRNA 新冠疫苗来说，可及性进一步受到冷藏条件的限制。如果要在全球范围内对几十亿人进行接种，则需要耐热性更好的疫苗。如果这些耐热候选疫苗在临床试验中获得积极结果，有望提高 mRNA 疫苗的全球可及性。

5. mRNA 递送、脱靶和免疫原性等关键问题还未能完全解决

一是 mRNA 的批量合成和稳定修饰（批量生产、提高稳定性）。目前，已上市的两款 mRNA 疫苗需要在 –20 ℃甚至 –70 ℃条件下保存，这远低于传统疫苗的保存温度。因此，还需要继续努力开发在更高温度下稳定且更适合疫苗分发的制剂。二是递送技术需要提升，包括提高体内转染效率、保护 mRNA 足够稳定及靶向递送。目前，mRNA 药物面临的巨大挑战之一是需要将 mRNA 靶向特定组织，并在没有过度不良反应的情况下提供强大、持久的益处。三是在癌症免疫疗法中，对 mRNA 抗原的选择可能是一个重要问题。筛选新抗原并预测其产生足够免疫反应潜力的技术仍在开发中。重要的新抗原有可能被研发人员错过，被选中的反而是低效或脱靶的抗原，这都会导致安全问题。肿瘤组织中的突变克隆可能差异很大，因此，很难确定需要多少抗原才能产生足够的抗原免疫应答。

（执笔人：朱　姝）

第七章　人工智能药物研发

由于药物研发难度大、投入高、风险大、周期长，近年来全球新药研发成功率明显下降。人工智能（AI）作为一种新兴技术，通过机器学习、深度学习等方式赋能药物靶点发现、化合物筛选等环节，为新药研发带来了新的手段，大大提高了新药研发的效率，加速药物研发的进度，降低药物研发的失败率，缩短原本"十年十亿美元"的药物研发过程，正在成为新药研发的重要驱动力。2020年，"人工智能发现分子"入选《麻省理工科技评论》的"十大突破性技术"。

一、概念与分类

2017年以来，人工智能在医药领域的应用蓬勃发展，为新药研发带来了新的手段，正在成为新药研发的重要驱动力。这一创新范式已经贯穿了药物研发的全过程，主要包括药物前期研究、药物发现、药物设计、药理学、化学合成、药物用途重新定位和临床研究等方面。

（一）药物前期研究

人工智能在药物前期研究方面的主要作用是利用文献分析和知识库、数据集建设，对推动新药研发的众多知识进行聚类分析，进行疾病机制、靶点、药物作用方式研究，进而加快新药研发的进程。

（二）药物发现

药物发现是关系到新药研发成功率的关键环节，AI 在药物发现环节的应用聚焦药物设计、多重药理学、化学合成、药物用途重新定位和药物筛选。药物设计中的 AI 包括预测目标蛋白 3D 结构、预测药物—蛋白质相互作用、确定药物活性和从头药物设计；多重药理学中的 AI 包括设计生物特异性药物分子、设计多靶点药物分子；化学合成中的 AI 包括预测反应速率、预测反转录合成途径、深入了解反应机制和设计合成路线；药物用途重新定位中的 AI 包括识别治疗靶点、预测药物新的治疗用途；药物筛选中的 AI 包括毒性预测、生物活性预测、理化性质预测、靶细胞的识别和分类（表 7-1）。

表 7-1　AI 在药物发现中的作用[①]

领域	具体应用
药物设计	预测目标蛋白 3D 结构 预测药物—蛋白质相互作用 确定药物活性 从头药物设计
多重药理学	设计生物特异性药物分子 设计多靶点药物分子
化学合成	预测反应速率 预测反转录合成途径 深入了解反应机制 设计合成路线
药物用途重新定位	识别治疗靶点 预测药物新的治疗用途
药物筛选	毒性预测 生物活性预测 理化性质预测 靶细胞的识别和分类

①　资料来源：https：//www.sciencedirect.com/science/article/pii/S1359644620304256？via%3Dihub。

（三）临床试验

临床试验是新药研究中周期最长、成本最高的环节，当前的药物临床试验成功率不高，通常 10 种进入临床试验的药物中只有 1 种能进入市场。AI 能够辅助临床试验设计，快速处理同类研究、临床数据和监管信息，读取临床试验数据，及时调整优化试验进程，提升临床试验风险控制能力。

二、总体发展状况

（一）近 10 年人工智能药物研发发文情况

对 2010 年以来人工智能药物研发相关文献进行检索，从历年发文趋势来看，2010 年以来发文数量逐年增长，随着人工智能技术的发展，从 2016 年起，发文数量迅速增长，2018 年、2019 年、2020 年和 2020 年相关领域发文数量分别达到 919、1507、2231、3499 篇（图 7-1）。

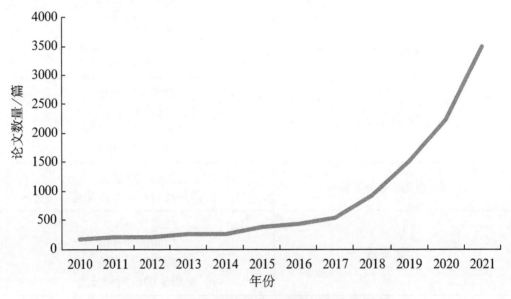

图 7-1　全球人工智能药物研发历年发文数量

　　全球人工智能药物研发领域发文数量前 10 位的国家如表 7-2 所示，美国是发文数量最多的国家，为 4469 篇，中国排名第二，达到 2351 篇，之后为英国、德国和印度等国家。美国在 AI 药物领域有诸多里程碑式的研究，从 AlphaGo 到 AlphaZero，再到 AlphaFold，谷歌的科学技术突破不仅促进了科学的发展，也推动了人类的进步。我国在 AI 药物领域研发起步相对较晚，还处在发展初期，但从发文数量上看，我国已成为继美国后发文数量最多的国家，发展势头迅猛。

表 7-2　人工智能药物研发论文数量前 10 位的国家

排名	国家	论文数量/篇
1	美国	4469
2	中国	2351
3	英国	1119
4	德国	816
5	印度	806
6	加拿大	601
7	意大利	495
8	西班牙	474
9	澳大利亚	457
10	韩国	429

　　全球 AI 药物研发领域发文数量前 20 位的机构如表 7-3 所示，其中，有 2 家中国机构，分别为中国科学院与浙江大学。

表 7-3 人工智能药物研发论文数量前 20 位的机构

排名	机构	所在地	论文数量 / 篇
1	欧洲研究型大学联盟	欧洲	817
2	哈佛大学	美国	441
3	加利福尼亚大学系统	美国	435
4	中国科学院	中国	250
5	伦敦大学	英国	241
6	法国研究型大学	法国	227
7	哈佛医学院	美国	214
8	得克萨斯大学系统	美国	210
9	宾夕法尼亚联邦高等教育系统	美国	193
10	斯坦福大学	美国	193
11	美国国立健康研究院	美国	178
12	麻省理工学院	美国	162
13	法国国家健康与医学研究院	法国	158
14	多伦多大学	加拿大	158
15	新加坡国立大学	新加坡	148
16	浙江大学	中国	144
17	牛津大学	英国	140
18	伦敦大学学院	英国	139
19	法国国家科学研究中心	法国	133
20	佛罗里达大学系统	美国	132

对全球 AI 药物领域研究方向进行统计，发文数量最多的研究方向为计算机科学，有 2793 篇，之后为生物化学与分子生物学（1912 篇）、药学 /

药理学（1881篇）、化学（1780篇）、工程学（1230篇）、数学计算生物学（1154篇）等（图7-2）。

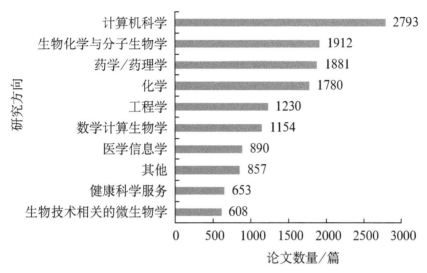

图7-2 全球AI药物领域TOP 10研究方向

（二）近10年人工智能药物研发专利申请情况

从人工智能药物研发专利申请情况来看，2014年之前，全球AI药物研发处于萌芽阶段，专利申请数量每年不足30件；2015年以后处于快速增长阶段，2015—2021年的年均增长率达到47.71%，2021年专利申请数量达到峰值，为644件（图7-3）。

从人工智能药物研发专利申请数量前10位的国家来看，中国在该领域的专利申请数量遥遥领先。对比分析中美韩印的专利申请趋势，美国在AI药物研发方面布局较早，2015年之前美国专利占主导，是主要来源国，近5年专利年申请量稳定在90件左右。中国AI药物研发专利申请数量从2005年开始起步，2015年之后数量迅速增长，2016年超过美国，2018年之后远超其他国家，展现了强劲的研发势头，说明整体上我国AI药物研究占据技术优势。此外，韩国也是AI药物研发的主要来源国，近5年专利数量稳定在 25 件左右。印度相关专利申请主要集中在 2021 年，主题涉及新冠病毒药物的 AI 预测与开发（图 7-4）。

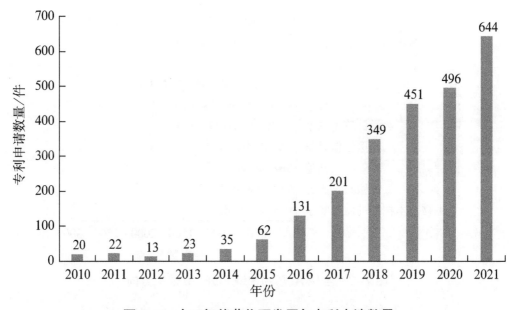

图 7-3　人工智能药物研发历年专利申请数量

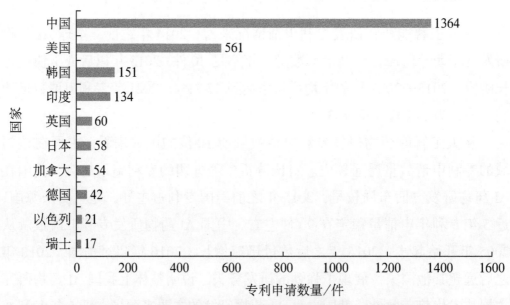

图 7-4　人工智能药物研发专利申请数量前 10 位的国家

从专利权人的角度来看，在专利申请数量 TOP 13 的机构中，中国机构有 7 家，占据主导地位，美国机构有 2 家，印度机构有 2 家，英国和加拿大机构分别有 1 家（表 7-4）。高校 / 研究机构和科技公司都是 AI 药物研发的主体，在 TOP 13 机构中，高校 / 研究院所有 8 家，科技公司有 5 家。其中，浙江工业大学的 AI 药物研发相关专利申请数量最多，达到 145 件，远超排名其后的中国科学院（计算所、新疆理化所、数学所、深圳先进院等）、Sanskriti University、深圳泰晶科技公司等。

表 7-4　人工智能药物研发专利申请数量 TOP 13 的专利权人

排名	专利权人	专利申请数量 / 件	所在地	研发重点
1	浙江工业大学	145	中国	蛋白质结构预测、蛋白质构象优化
2	中国科学院	56	中国	药物靶点设计、蛋白互作预测
3	Sanskriti University	54	印度	冠状病毒治疗药物预测与开发
4	深圳泰晶科技公司	52	中国	蛋白质结构设计、晶体结构计算、化合物设计
5	上海交通大学	29	中国	蛋白结构预测、蛋白互作网络构建
6	BenevolentAI Technology 公司	27	英国	生物靶标筛选、药物设计
7	中南大学	26	中国	蛋白功能识别、药物靶标预测、蛋白互作网络
8	Insilico Medicine 公司	26	美国	化合物活性预测、药物发现
9	腾讯科技	25	中国	蛋白结构预测、化合物活性预测
10	中山大学	24	中国	蛋白位点识别、蛋白折叠优化、蛋白互作网络

续表

排名	专利权人	专利申请数量 / 件	所在地	研发重点
11	MIT	21	美国	晶体结构预测、蛋白结构设计
12	Galgotias University	21	印度	抗结核药物预测与开发
13	Deep Genomics 公司	20	加拿大	基于生物学模型的计算系统

三、全球研发进展

（一）药物设计

2021 年 1 月，美国华盛顿大学 Baker 实验室的丛倩等在 *Science* 期刊上发表文章 "Protein Interaction Networks Revealed by Proteome Coevolution"。该研究探索了利用不同蛋白质的残基之间的共进化来大规模筛选相互作用的蛋白质的可能性。对大肠杆菌中 540 万对蛋白及结核杆菌中 390 万对蛋白进行了共进化分析，发现在代谢相关的二元复合物中存在较强的共进化信号，而遗传信息处理有关的大复合体中的共进化信号相对较弱。利用共进化信息并结合结构建模，可以比质谱等实验方法更准确地在蛋白质组学水平预测直接相互接触的蛋白质（PPI）。作者发现了上百个之前没有被发现的新 PPI，为已知的蛋白复合物或网络增加了新元素。[①]

2021 年 7 月，在解决蛋白质折叠这一"生物学近 50 年来的重大难题"方面，DeepMind 公司在 *Nature* 期刊上发表的题为 "Highly Accurate Protein Structure Prediction with AlphaFold" 的论文中公开了进阶版的 AlphaFold2 AI 系统的源代码，并且详细描述了它的设计框架和训练方法。与初版的 AlphaFold 相比，AlphaFold2 解析蛋白结构的速度有了显著提升。同日，华盛顿大学 David Baker 研究团队也在 *Science* 上发表了题为 "Accurate Prediction of Protein Structures and Interactions Using a Three-Track Neural

---

① 资料来源：https : //blog.csdn.net/weixin_30522983/article/details/112782759。

Network"的文章，公布了受 AlphaFold2 启发研制出来的 RoseTTaFold，该程序在解构蛋白质结构方面的表现可与 AlphaFold2 比肩。[①]

2021 年 11 月 11 日，*Science* 期刊报道了 AI 预测蛋白质复合物结构的又一项里程碑式进展。科学家们通过联合使用 RoseTTAFold 和 AlphaFold 两大系统，成功预测了酵母中大量蛋白质复合物的结构，包括数百个先前结构未知的蛋白质复合物。[②]

2021 年 11 月 11 日，中国科学院微生物研究所马俊才 / 胡松年团队与北京大学、中国科学院计算机网络信息中心等团队合作，在 *Nucleic Acids Research* 期刊上发布了"新型冠状病毒变异评估和预警系统"（SARS-CoV-2 Variations Evaluation and Prewaning System，VarEPS）。VarEPS 是全球首个对 SARS-CoV-2 基因组已知变异及虚拟变异进行多维度风险评估和预警的系统，从基因组学和结构生物学角度入手，在变异位点频率评估的基础上，从核苷酸变异发生难易程度、氨基酸替换难度、变异对蛋白质二级结构的影响、单个氨基酸突变引起的 ACE2 及中和抗体结合自由能变化等参数方面对变异进行多维度的评估，对已知变异和潜在的虚拟变异对病毒的功能造成的影响进行全面综合分析。在此基础上，该系统采用 AI 分类器算法，将变异株从传播性和对中和抗体的亲和力两个方面进行有效分组，实现了基于病毒序列的风险评估和预警。该系统还可基于虚拟变异和风险评估模型，为针对新型变异毒株的精准防控和抗体疫苗设计提供有效的参考信息。[③]

（二）化学合成

2020 年 4 月，*JMC* 期刊发表了一篇研究文章"Current and Future Roles of Artificial Intelligence in Medicinal Chemistry Synthesis"，分享了如何将预

---

① 资料来源：https : //news.bioon.com/article/6788978.html。

② 资料来源：https : //www.163.com/dy/article/GP21LUVO0534Q32Z.html。

③ 资料来源：http : //www.im.cas.cn/xwzx2018/kyjz/202110/t20211015_6222797.html。

测模型整合到药物合成工作流程中，如何在 MLPDS（Machine Learning for Pharmaceutical Discovery and Synthesis）联盟成员公司中使用预测模型及该领域的前景。文章内容包括：计算机辅助合成路线设计（CASP）如何帮助药物化学发现；如何在制药和化学工业中使用 CASP；如何使 CASP 更好。[1]

2020 年 4 月，机器学习国际顶级会议 ICML 2020 上的一篇文章提出了一种名为 G2Gs 的不依赖化学反应模版的方法。G2Gs 通过一系列图变换，将产物分子转换（或称为翻译）为反应物分子。G2Gs 首先通过一个反应中心预测模块将产物分子分解为多个合成子，然后通过一个变分图翻译模块，将每个合成子转换为最终的反应物分子。实验结果表明，该文章提出的方法的性能远优于那些不依赖反应模版的方法。并且，G2Gs 的性能与基于模版的方法相近，但它不依赖任何领域知识，也有更好的可扩展性。[2]

2020 年 8 月，美国密歇根大学的化学家 Tim Cernak 及其研究团队在预印本 *ChemRxiv* 上发表研究成果，报道他们利用 Synthia™ AI 软件对 12 种尚在研究阶段的抗新冠肺炎药物展开了逆合成研究，为其中 11 种找到了新的合成路线——使用廉价易得的原料、高效且避开已有专利。他们还通过实验验证了其中两种药物合成路线的可行性和经济性，即阿比多尔（umifenovir，3）的 4 条新合成路线及溴己新（bromhexine，2）的一步法合成路线。[3]

（三）多重药理学

2019 年 9 月，医药 AI 企业 Insilico Medicine 在 *Nature Biotechnology* 期刊上发表论文《深度学习能够快速识别强效 DDR1 激酶抑制剂》，介绍了名

---

[1] 资料来源：https：//blog.csdn.net/u012325865/article/details/105571406？utm_medium=distribute.pc_aggpage_search_result.none-task-blog-2~aggregatepage~first_rank_ecpm_v1~rank_v31_ecpm-2-105571406.pc_agg_new_rank&utm_term=jmc%E5%BD%B1%E5%93%8D%E5%9B%A0%E5%AD%90&spm=1000.2123.3001.4430。

[2] 资料来源：https：//zhuanlan.zhihu.com/p/187032206。

[3] 资料来源：https：//www.x-mol.com/news/462475。

为"生成式张量强化学习"（GENTRL）的新 AI 系统。DDR1 是一种与纤维化及其他疾病有关的激酶靶标，而该 AI 系统仅在 21 天内就设计出 6 种全新 DDR1 抑制剂，其中 4 种通过生化检测证实具有活性，2 种通过细胞测定证实具有活性，实验人员在小鼠模型中测试了其中一种先导化合物，证明其具备良好的药物代谢动力学性质。[①]

2020 年 1 月，*Chemical Science* 期刊上的一篇论文 "Target Identification among Known Drugs by Deep Learning From Heterogeneous Networks" 报道作者开发了一种基于网络的深度学习方法，称为 deepDTnet，用于计算识别已知药物分子的靶标。deepDTnet 嵌入了 15 种类型的网络，包括化学、基因组、表型和细胞网络，通过学习药物和靶标的低维但信息量丰富的载体表示来生成生物学和药理学相关的特征。[②]

2021 年 7 月，AI 制药公司 BenevolentAI 在 *Frontiers in Pharmacology* 期刊发文，报道他们为了识别 COVID-19 治疗药物，使用了可视化分析工作流程，将应用在 AI 增强的生物医学知识图上的计算工具与人类专业知识相结合。该工作流程包括使用基于机器学习的提取及人工指导的图形迭代查询，从最近的文献中快速扩充知识图信息。使用此工作流程，他们发现类风湿性关节炎药物 Baricitinib（巴瑞替尼）可以作为抗病毒和抗炎药物。最近公布的 ACTT-2 随机 3 期试验数据证实了巴瑞替尼的有效性，随后，FDA 紧急批准使用。文章展示了将计算工具与人类专业知识迭代结合的方法，有望用于识别罕见和被忽视的疾病，并且，除了药物再利用之外，可以挖掘隐藏在生物医学文献中的大量数据。[③]

---

① 资料来源：https：//www.eurekalert.org/news-releases/806724？ language=chinese。

② 资料来源：https：//copyfuture.com/blogs-details/20210129090021862B。

③ 资料来源：https：//www.benevolent.com/research/expert-augmented-computational-drug-repurposing-identified-baricitinib-as-a-treatment-for-covid-19。

（四）药物用途重新定位

沃里克大学、柏林技术大学和卢森堡大学的研究团队共同开发了一种创新的 AI 方法，可用于加快药物分子或新材料的设计。相关成果于 2019 年 11 月以 "Unifying Machine Learning and Quantum Chemistry with a Deep Neural Network for Molecular Wavefunctions" 为题发表在 *Nature Communications* 期刊上。以常规方式求解这些方程需要大量的高性能计算资源（数月的计算时间），是用于医学和工业应用的新型专用分子计算设计的瓶颈。新开发的 AI 算法可以在几秒钟内在笔记本电脑或移动电话上提供准确的预测，可以调整分子的电子和结构特性以达到应用标准。[①]

2020 年 2 月 4 日，一篇发表于 *The Lancet* 期刊上的文章表示，借助深度学习和知识图谱，研究者发现经典 JAK 激酶抑制剂（Baricitinib，巴瑞替尼）或可用于治疗新冠肺炎。这篇文章来源于帝国理工学院和 AI 制药公司 BenevolentAI。这次用于寻找潜在药物的技术是 BenevolentAI 的知识图谱。这是一个大型的结构化医药信息仓库，包括了大量使用机器学习抽取出来的连接关系。具体而言，根据新冠病毒的特点，研究者使用了这个知识图谱，用于验证可以帮助治疗的药物——那些能够阻断病毒感染进程的药物。[②]

2020 年 10 月 12 日，一篇发表在 *GigaScience* 期刊上的研究报告中，来自澳大利亚联邦科学与工业研究组织（CSIRO）等机构的科学家们在世界上首次利用基于 AI 技术的 VariantSpark 平台来处理 1 万亿个基因组数据，该平台还能帮助锁定人类基因组中特定疾病致病基因的具体位点。[③]

2020 年 12 月 5 日，一篇刊登在 *Nature Communications* 期刊上的研究报告中，来自阿尔托大学等机构的科学家们开发了一种机器学习模型，能

---

① 资料来源：http : //www.elecfans.com/rengongzhineng/1131387.html。

② 资料来源：https : //www.sohu.com/a/370999627_129720。

③ 资料来源：https : //news.bioon.com/article/6779473.html。

够准确预测多种癌症药物的组合如何杀灭多种类型癌细胞，还能利用从此前研究中（此前研究主要调查药物和癌细胞之间的关联）获得的大量数据来训练这种新型的 AI 模型。这种模型能够发现药物与癌细胞之间的关联，而这种关联此前研究人员并没有观察到；同时，该模型还能够给出非常精确的结果。这种新型模型能够准确地预测在药物组合对特定类型癌症的效果尚未被测试的情况下，药物组合如何选择性地抑制特定类型的癌细胞，而这或将帮助癌症研究人员从数千种组合中有限选择出最佳的药物组合来进行深入的研究。[①]

新抗原（Neoantigens）在 T 细胞识别肿瘤细胞方面扮演着关键角色，然而，仅有一小部分新抗原能真正引起 T 细胞反应，而且，关于哪些新抗原能被哪些 T 细胞受体识别到的线索也非常少。2021 年 9 月，一篇发表在 *Nature Machine Intelligence* 期刊上题为"Deep Learning–Based Prediction of the T Cell Receptor–Antigen Binding Specificity"的研究报告中，来自得克萨斯大学西南医学中心等机构的科学家们通过研究开发了一种 AI 技术，其或能识别出被机体免疫系统所识别的癌细胞表面的肽类，即新抗原。[②]

（五）药物筛选

2020 年 2 月 20 日，麻省理工学院合成生物学家 James Collins 领导的研究团队利用深度学习模型对新型抗生素进行预测，在 *Cell* 期刊上发表了一篇关于一种开创性机器学习方法的论文"A Deep Learning Approach to Antibiotic Discovery"，提出了完全不同于传统的建模方式。深度神经网络建模拥有出色的自主学习能力，能在没有任何人类的干预假设的条件下，在几天的时间里从庞大的分子数据库中筛选合成出新型抗生素模板，并通过实验证明筛选出的 halicin 完全可以胜任临床医学的用途。[③]

---

① 资料来源：https：//news.bioon.com/article/6781531.html。

② 资料来源：https：//news.bioon.com/article/6791448.html。

③ 资料来源：https：//zhuanlan.zhihu.com/p/140905958。

2020 年 8 月，在一项在线发表在 *PNAS* 期刊上的研究中，杜克大学的生物医学工程师已经证明，可以通过对细菌的生长动态进行机器学习分析来区分不同菌株，然后可以准确地预测其他特征，如对抗生素的抵抗力。该技术具有比当前标准技术更快、更简单、更便宜、更准确地识别疾病和预测菌株行为的优点。

四、发展趋势

（一）AI 有望改变药物研发格局

人工智能已经贯穿药物研发全过程。2017 年以来，人工智能在医药领域的应用蓬勃发展，为新药研发带来了新的手段，正在成为新药研发的重要驱动力。这一创新范式已经贯穿了药物研发的全过程，主要包括药物设计、药理学、化学合成、药物用途重新定位和药物筛选。

人工智能极大地提高了药物研发效率，降低了研发成本。新药研发是一个时间长、花费大、风险高的过程，2014 年，美国塔夫茨大学药品研发研究中心通过对既往获批药物的研究发现，研发一个新药至少需要 10 年时间，平均投入 26 亿美元，这一费用较 2003 年提高了 45%。2021 年 11 月，全球首个由人工智能发现的候选药物进入临床试验，仅用了 18 个月，研发成本仅为 260 万美元。新冠肺炎疫情也加速了 AI 药物研发的应用，因为企业需要在短时间内处理大量数据并提出新思路。同时，人工智能还能通过分析真实世界数据提供更好的方案，调整和优化试验设计，帮助减少试验规模，使得新药可以更早地获得批准，进入商业化阶段。

（二）AI 研发平台蓬勃发展

根据《AI 药物研发报告 2020》，全球约有 240 家人工智能药物发现企业，其中 54.4% 位于美国（表 7-5）。拜耳、诺华、辉瑞等制药巨头纷纷与

AI 平台达成合作或成立自己的 AI 研发平台。2021 年 10 月，阿斯利康、默克、辉瑞、梯瓦联合推出 AI 药物研发实验室 AION Labs。谷歌、IBM、微软和腾讯、百度等互联网巨头也都非常看好 AI 在新药研发领域的应用，成立了自己的研发平台，并取得了良好进展。

表 7-5 全球领先的人工智能药物发现企业

序号	企业名称	成立时间	地点	平台系统	主要方向
1	AI Therapeutics	2013 年	美国	Guardian Angel™	
2	Deep Genomics	2014 年	加拿大	AI Workbench	
3	Insitro Medicine（英矽智能）	2014 年（美国）	中国香港	PandaOmics、Chemistry42、InClinico	
4	Atomwise	2012 年	美国	AtomNet®	
5	DeepMind Health	2012 年	英国	AlphaFold	蛋白结构预测
6	BenevolentAI	2013 年	英国	Benevolent Platform™	
7	Exscientia	2012 年	英国	CentaurAI™、Centaur Biologist™、Centaur Chemist™	
8	Recursion Pharmaceuticals	2013 年	美国	Recursion OS	
9	Cyclica	2013 年	加拿大	Ligand Design™、Ligand Express®	
10	XtalPi	2014 年（美国）	中国	XtalForce、XtalVision、Renova	晶型预测

目前，探索 AI+ 新药研发的企业主要有 3 类：一是 AI 药物研发创新企业，如 Exscienta、BenevolentAI、Atomwise、Relay Therapeutcs、晶泰科技、燧坤智能等；二是 IT 巨头，如 Google、微软、腾讯、阿里巴巴集团等；三

是大型制药企业，如罗氏、阿斯利康、强生、葛兰素史克（GSK）等。其中，IT 巨头倾向于利用自身的互联网基础与平台优势进行技术布局，进入方式为自主研发相关产品，开发相关领域针对性技术以赋能行业应用，业务领域不断下沉，或者通过外延并购扩张业务版图。例如，腾讯进军 AI+新药研发领域，发布首个 AI 驱动的药物发现平台"云深智药"（iDrug），谷歌计划斥资 4 亿美元收购 AI 企业 DeepMind。

（三）中国 AI 药物研发发展迅猛

2020 年或许是中国 AI 制药的元年，发展势头迅猛。中国已经成为人工智能超级大国，计划到 2030 年成为世界人工智能领导者。中国人工智能投资大量增长，已经有至少 10 家人工智能初创公司价值超过 10 亿美元。此外，中国一直在大力投资生物技术研发。中国拥有巨大的人口规模和众多的医院，因此，可以轻松获得 AI 训练所需要的重要条件——大量数据集。2020 年，国内 AI 制药行业融资额超过 27.23 亿元，融资次数达到 12 起。而在 2019 年，融资额仅为 2.42 亿元，之前的 2018 年也仅为 5.41 亿元。[①]

中国研究人员密切关注人工智能的药物设计和开发潜能。英矽智能（Insilico Medicine）是一家总部位于香港、全球一半业务在上海的公司，其筹得 2.55 亿美元以推进 AI 开发候选药物进入临床试验，并调整算法寻找新靶点。此前，北京望石智慧（StoneWise Technology）于 2021 年 4 月获得 1 亿美元投资，深圳晶泰科技（XtalPi）于 2021 年 9 月获得 3.19 亿美元投资（表 7-6）。

---

① 资料来源：https：//mp.weixin.qq.com/s/ZnOqg9IuWzXR6U0wgZISqA。

表 7-6 2020 年中国 AI 制药领域融资情况 [1]

企业名称	最新融资时间	轮次	领域	阶段性成果
星亢原生物	2020 年 7 月 30 日	Pre-A 轮	新抗原、PROTAC、抗体药物研发领域	AI 新药研发平台 neoXTM
望石智慧	2020 年 12 月 23 日	B 轮	AI+ 小分子药物设计	智能化药物研发平台
晶泰科技	2020 年 9 月 28 日	C 轮	数字化药物研发	ID4 智能药物研发平台
费米子科技	2020 年 11 月 12 日	A 轮	研发针对小分子化药的 AI 辅助制药技术平台	基于深度学习的 FermiNet 小分子研发平台
未知君	2020 年 11 月 27 日	B+ 轮	微生态药物研发	关于移植抗宿主病微生物药物
METiS	2020 年 12 月 3 日	Pre-A 轮	AI 驱动药物制剂研发	
冰洲石	2020 年 12 月 7 日	B 轮	AI 驱动药物研发	云计算平台
宇道生物	2020 年 12 月 14 日	Pre-A 轮	变动机制小分子药物研发	药物研发信息化产品（ACISS 系列、AILLO 系列）
星药科技	2020 年 12 月 29 日	A/A+ 轮	临床前药物研发	PyxirTM 药物研发平台

同时，互联网巨头也纷纷开始进入人工智能药物研发领域。2020 年 1 月，全球健康药物研发中心 GHDDI 与阿里云合作开发人工智能药物研发和大数据平台。4 月，华为云免费开放 EI 医疗智能体平台（EIHealth），面向医疗领域提供病毒基因检测、抗病毒药物筛选。7 月，世界人工智能大会云

---

[1] 资料来源：36 氪，中银证券。

端峰会上，腾讯发布 AI 驱动的药物研发平台——云深智药（iDrug），用技术加速新药研发。9 月，李彦宏亲自带队研发的"百图生科"正式上线，致力于用高性能生物计算和多组学数据技术，加速创新药物和早筛早诊产品的研发。12 月，字节跳动开始招募 AI-drug 团队，意图在 AI 算法的辅助下进行药物发现与制造等前沿研究。

（四）短期内涌现多个里程碑式突破

2018 年，AlphaFold 的横空出世将 AI 药物研发带入了大众的视野，攻破了半个世纪悬而未解的蛋白质折叠难题，并被 *Science* 评为 2020 年十大科学突破。此后短时间内，AI 在药物研发领域的突破快速涌现。

2018 年 11 月 2 日，在第 13 届全球蛋白质结构预测竞赛上，DeepMind 的最新人工智能程序 AlphaFold 击败了所有对手，成功预测生命基本分子——蛋白质的三维结构。DeepMind 将 AlphaFold 称为在展示人工智能研究推动和加速新科学发现方面的"第一个重要里程碑"，这项重要突破对于蛋白质结构预测具有划时代的重要意义。2020 年 12 月，AlphaFold 2.0 发布，其比 AlphaFold 1.0 的速度快 16 倍，预测蛋白质结构只需几分钟到几小时。2021 年 7 月，AlphaFold 2.0 宣布公开源代码，将人类 98.5% 的蛋白质全部预测。开放的数据集不仅包括人类蛋白质组，还有大肠杆菌、果蝇、小鼠等 20 个科研常用生物的蛋白质组数据，总计超过 35 万个蛋白质的结构。这或将对细胞生物学领域带来一场革命。与此同时，多个研究团队开源了其他蛋白预测平台的源代码，该领域竞争十分激烈。

2019 年 9 月，总部位于中国香港的英矽智能公司和多伦多大学的研究团队实现了重大实验突破，通过合成人工智能算法发现了几种候选药物，证明了 AI 发现分子策略的有效性。成功确定了大约 30 000 种具有理想特性的新分子，从中选择了 6 种进行药物合成和测试，其中一种在动物实验中表现出了较高的活性。这是 AI 第一次从零开始发现全新的抗生素分子。

2021 年，英矽智能再一次取得重大突破，向市场证明了 AI 新药发现的可行性，用时仅 18 个月，投入仅 260 万美元，英矽智能完成了用人工智能贯穿药物发现环节（包括机制发现、靶点发现及找到新化合物），成功发现了全新机制药物。这是全球首例，也是行业的又一里程碑。

（五）AI 药物研发还面临许多挑战

人工智能药物研发目前已进入快速成长期，备受业界瞩目，尽管头部制药企业在 AI 药物研发领域非常活跃，但也面临着多重风险因素。

1. AI 药物研发具有极大不确定性，利益和风险并存

AI 赋能新药研发所带来的巨大回报对于制药企业极具吸引力，但整个行业仍处于起步阶段。AI 药物研发的成功率并不是 100%，并且由于数据资源、算法、制药程序的复杂性，可能导致预测结果的不准确，经过一番周折得到的药物分子，最后也只能化为 "0" 和 "1" 的字符串，不会被药企选中。对于企业来讲，明确自身发展方向，加强创新，确立自己的核心技术壁垒，才能在 AI 药物研发赛道上蓬勃发展。

2. 数据开放程度受限，数据质量不高

一是生物学的复杂性，给数据获取和 AI 算法设计带来巨大挑战。药学是一个融合化学和生物学的学科，在数据层面，二者具有较大的差异性。一般来说，化学数据更加稳定、可控与易于计算；生物学数据涉及受体蛋白的构象变化，难以定量计算。同时，很多基础研究还没有得到突破，理论认知不足，数据稳定性和可重复性较差。第二，我国医药大数据存在数据量少、数据体系不完整、数据标准不统一、数据共享机制不完善等问题，医药数据的数量和质量将成为制药行业 AI 发展的主要障碍。制药行业信息化才刚开始，整个医药行业目前数据的质量并不高，数据预处理阶段就需要花费大量的时间。国内创新药研发起步较晚，原始数据积累有限；国内药品数据存储分散，存储格式不一，完整药物数据获取比较困难；新药研发领域的核心数据来源于药企，考虑到商业机密的问题，企业不愿公开核心数据。从临床上来讲，病历、随访记录目前还很难标准化、数字化；由于涉及

患者隐私，临床数据的灵活运用也受到了一定限制；临床数据也是医院的核心数据资源，在临床试验方面，数据受到治疗方案、医生等多方面因素的影响，数据质量差距较大。[①]

3. 交叉学科融合不够，人才缺口巨大

AI 赋能新药研发相关研究和应用，需要传统医药研发基础科学和核心 AI 技术的深度结合，需要多学科专家，如技术专家、生物学家、医学家等联合攻关。AI 制药不是将不同学科的人放在一起搞研究，而是需要软件技术人才与生物制药人才的协同创新，这极大增加了 AI 制药领域的创新门槛。我国人工智能高端人才短缺。据统计，全世界大约有 2.2 万名 AI 领域高端研究人员，而中国只有约 600 名。同时，人工智能人才普遍薪资水平较高，制药企业的人力成本会大幅提高。在人才储备上，AI 制药企业一方面需要具有计算生物学、计算化学、AI 算法设计等背景的人员；另一方面需要引入药剂学、药物临床试验和临床医学等方面的人才做临床和药物指导。

4. 政策法规滞后，治理尚处于盲区

AI 领域存在监管体系滞后于技术发展、监管体系不完善、企业行业尚未形成标准等问题。当前，AI 新药研发监管体系不健全，缺少具体的评估标准、市场准入、退出机制和收费机制，难以对潜在的问题进行监督与反馈。与很多新兴领域一样，AI 药物研发的治理体系还很不完善，面临技术风险、道德风险和经济风险等。技术风险包括数据确权问题、AI 系统与业务匹配问题和数据完整性问题等，道德风险在于人工智能基于自主做出的决定是否会与社会道德相冲突，经济风险则与成本控制相关。在涉及知识产权、财产权、侵权责任认定、法律主体地位等方面的 AI 相关法律法规尚属空白。

（执笔人：朱　姝）

---

① 刘晓凡，孙翔宇，朱迅 . 人工智能在新药研发中的应用现状与挑战 [J]. 药学进展，2021，45（7）：494-501.

第八章　海上风力发电

一、海上风力发电概述

海上风力发电（简称海上风电）是新兴可再生能源产业，其技术水平在过去 10 年快速发展。海上风力发电可使世界各国进一步充分利用全球风能资源，且可在人口稠密的沿海地区建造千兆瓦级别的供电场。这使得海上风力发电成为全球碳中和进程中重要的绿色能源类型，与此同时，海上风电产业与氢能产业的融合受到世界高度关注，将为全球能源系统转型提供有力支撑。

海上风电已成为最具活力的能源产业之一。2010 年，全球海上风电装机容量 3 GW，新增装机容量首次超过 1 GW。2018 年，全球海上风电装机容量达到 23 GW，新增装机容量 4.3 GW。新增装机容量年增长率近 30%，远高于除太阳能光伏之外的其他电力类型。

截至 2019 年年底，全球海上风电装机容量为 28 GW，约 90% 部署于北海和大西洋沿岸。丹麦、德国和英国等欧洲国家成为海上风力发电全球领跑者，2018 年，海上风电仅占全球电力供应的 0.3%，但在上述领先国家占比较大。2018 年，风力发电占丹麦电力总量的近 50%，其中，海上风力发电占 15%。此外，海上风电占英国电力生产量的 8%，是太阳能光伏发电量的 2 倍多。

中国、美国、日本和韩国也正加速海上风电项目部署。近年来，我国在海上风电领域取得跨越式发展，现已跻身市场领导者之列。2018 年，中国新增海上风电装机容量 1.6 GW，位居所有国家之首。

在全球碳中和背景下，世界多个国家积极推进海上风电产业发展。国际能源署预计，海上风力发电在全球风力发电部署中的比重将从 2020 年的 7% 增长至 2021 年的 20% 以上，年装机容量将由 2020 年的 6.1 GW 增长至 2030 年的 80 GW。IRENA 预计，至 2050 年，海上风力发电装机容量将接近风电装机容量的 1/4。

二、2040 年发展展望

1. 全球海上风力发电展望

全球海上风力发电产业将在未来 20 年内大幅扩张。国际能源署通过模型计算揭示，基于全球 2050 年碳中和背景下的"既定政策模型"表明，全球海上风电装机容量将从 2018 年到 2040 年增加 15 倍。未来 5 年，海上风电年新增装机容量将翻一番，到 2030 年将增加近 5 倍，达到每年 20 GW 以上。2030 年以后，海上风电的成本竞争力将有助于其保持持续增长步伐。预计到 2040 年，全球海上风电装机容量将增加到约 560 GW。随着全球海上风力发电产业的快速发展，其在全球电力系统中的占比将逐步扩大。国际能源署预计，到 2040 年，海上风电占全球电力供应总量的 3%。

2. 欧盟国家继续引领全球海上风力发电产业发展

未来 20 年，欧盟国家的海上风电产业将保持强劲增长。在"既定政策情景"中，到 2040 年，欧盟占全球海上风电市场的近 40%，装机容量增长到近 130 GW。海上风电行业的年投资从 2018 年 110 亿美元增加到平均 170 亿美元 / 年。海上风电在电力供应端将发挥重要作用，预计到 2040 年，海上风电的发电量将超过欧盟内部发电量的 1/6，海上风电项目新增产量将远远超过整体电力需求增长量。

随着海上风电技术的日益成熟，到 2030 年，英国将引领欧盟海上风电产业，其次是德国和荷兰。此外，法国、波兰和爱尔兰也致力于发展海上风电。欧盟海上风电行业重点关注改善北海海上风电产业发展环境，聚焦海洋空间规划、海上电网开发、海上风电项目融资和海上风电标准规范等工作内容。

3. 中国将大力推进海上风力发电产业发展

中国已开展了多个海上风电项目，并将与欧盟一起在海上风电产业的长期发展中发挥核心作用。未来，中国海上风电新增装机容量将稳步增长，2030 年后平均每年超过 6 GW。海上风电的年均投资从 2018 年的 60 亿美元增加到 2019—2040 年的 90 亿美元 / 年，占同期全球海上风电投资的近 25%。

经济发展和政策支持推动中国海上风电产业蓬勃发展。中国"十三五"规划要求到 2020 年安装 5 GW 的装机容量，并在建设中增加 10 GW 容量。预计到 2030 年左右，海上风电在 LCOE（平准化度电成本）方面的成本将与燃煤发电持平，这将支持中国能源系统绿色低碳转型。

4. 美国海上风电产业发展强劲

预计到 2040 年，美国海上风电产业将增加近 40 GW 装机容量，相关投资约 1000 亿美元，海上风电将提供超过 3% 的美国电力供应。

联邦激励措施和州级目标相结合是推动美国海上风电产业强劲增长的主要原因。美国海洋和能源管理局已为东海岸海上风电开发发放超过 15 个许可证，将实现 21 GW 装机容量。美国国会提出了将税收抵免扩大到海上风电的提议。各州也在制定到 2035 年总计超过 20 GW 的海上风电装机目标。此外，纽约将其海上风电目标从 2.4 GW 上调至 2030 年的 9 GW。

5. 亚太地区海上风电产业将迎来快速发展阶段

海上风电将在中国以外的多个亚太国家快速发展。国际能源署预计，到 2040 年，韩国、印度和日本等国家的海上风电装机容量将接近 60 GW，约占全球海上风电累计投资的 1/6。

韩国预计将成为除欧盟、中国和美国以外最大的海上风电市场，在"既定政策情景"中，预计到 2040 年将达到 25 GW 装机容量，海上风能将提供该国 10% 以上的电力。在发电成本方面，海上风电的 LCOE 将在 21

世纪 30 年代与陆上风电和太阳能光伏发电持平。

印度海上风电开发也将取得显著进展，但仍面临低成本太阳能光伏和陆上风电的激烈竞争。印度制定了 2030 年海上风电发展目标。在"既定政策情景"中，到 2040 年装机容量达到 16 GW，发电量超过印度目前的太阳能光伏发电量。

日本尚未设定 2030 年海上风电明确目标，国际能源署预计，2040 年日本海上风电装机容量将达到 18 GW，可提供日本近 7% 的电力。

三、总体发展状况

（一）论文发表情况

1. 数据来源及研究方法

利用 Web of Science 核心合集数据库，在科学引文索引扩展版（Science Citation Index Expanded，SCIE）数据库中以（TS=（（"offshore wind"）OR（（wind near/5 generation）and offshore）OR（（（wind power）or aerodynamical or（wind energy）or（wind farm）or（renewable energy））and offshore）OR（offshore wind farm or OWF）））进行检索（检索日期为 2022 年 7 月 7 日），得到海上风力发电相关文献 8723 篇，其中论文和综述论文 8509 篇。利用 Web of Science 平台及网络分析软件 VOSviewer 对发文年度变化趋势、主要国家、主要研究机构、学科方向、发文期刊、关键词等方面进行计量分析。

2. 结果分析

（1）发文量及来源国家分析

对海上风电领域的年度发文量及来源国家进行分析（图 8-1），结果显示，发文量整体呈现上升趋势，尤其近 20 年来，国内外对该领域的关注度逐渐提高。中国和美国是该领域发文总量排名前 2 位的国家，分别有 1758

篇和 1383 篇，约占总发文量的 37%，其次为英国（1095 篇）、德国（731 篇）和丹麦（666 篇）。我国海上发电领域发展起步相对较晚，2004 年，广东南澳开始着手建造我国首个海上风电场，但增速较快，据悉，截至 2020 年，我国在海上风电累计装机容量方面位列全球第二，且在 2020 年位列全球海上风电市场的第一。这与我国政府对该领域的重视度密不可分，以习近平同志为核心的党中央统筹国内国际两个大局，提出力争 2030 年前实现碳达峰、2060 年前实现碳中和的重大战略决策，着力解决资源环境约束的突出问题，海上风电即其中的重要方面之一。此外，根据《中华人民共和国国民经济和社会发展第十四个五年规划和 2035 年远景目标纲要》，"十四五"期间将继续推动非化石能源的蓬勃发展，大幅增加风电规模，海上风电的发展也将有续推进。

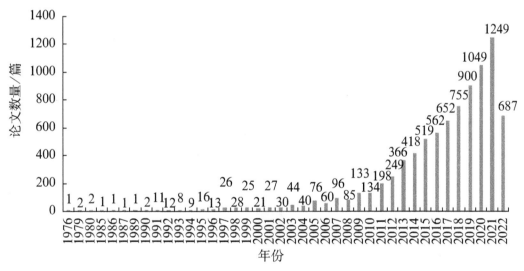

图 8-1　海上风电领域发文量年度变化

在排名前 5 位的国家中，有 3 个为欧洲国家。据统计，截至 2020 年，欧洲海上风力发电装机容量累计达 24.8 GW，约占全球风电装机容量的 70%。英国得益于其独特的地理位置，在海上和陆上风能产业中一直处于相对领先的地位；德国政府强调大力推进新能源，尤其是风能的开发建设，旨在通过大力推动海上风力发电技术产业的发展带动投资和就业；世界上第一个海上风力发电场是埃贝尔道夫特（Ebeltoft）风电场，位于丹麦。

通过 VOSviewer 软件对发文前 30 位国家之间的联系进行可视化展现（图 8-2），图中节点的大小表示发文量的多少，各节点间的距离代表合作紧密程度，节点间连线的粗细代表合作次数的多少。结果显示，在海上风电领域，发文量较多的国家有中国、美国、英国、德国、丹麦等。其中，中国和英国合作最多，中国与澳大利亚、日本等合作较为紧密，美国与丹麦、挪威等合作较为紧密，英国与爱尔兰、苏格兰等国家合作较为紧密。

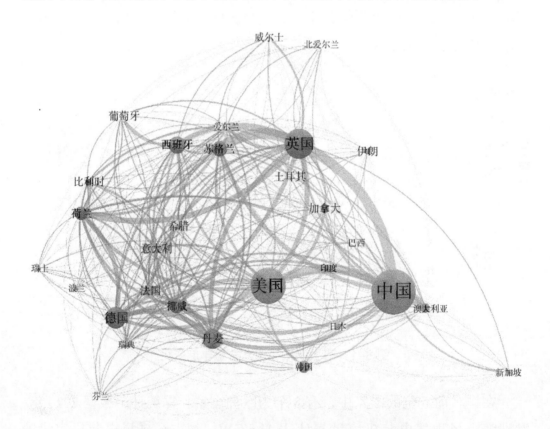

图 8-2　海上风电领域前 30 位国家合作关系网络

（2）发文机构分析

对海上风电领域的主要发文机构进行分析，共有 4618 家机构参与该领域的研究，其中发文量前 10 位的机构发文量共 1903 篇，约占总发文量的 22%，包括 7 家欧洲机构，2 家中国机构和 1 家美国机构（表 8-1）。丹麦技术大学是发文量最高的机构，同时，其总被引频次和 H 指数也居于前列。挪威科技大学和德国奥尔堡大学总被引频次和 H 指数分列第 2 位和第 3 位，说明这几家机构在海上风电领域具有一定的权威性。

表 8-1　海上风电领域发文量前 10 位的机构

排名	机构	所属国家	论文数量 / 篇	总被引频次 / 次	H 指数
1	丹麦技术大学	丹麦	338	10 189	51
2	挪威科技大学	挪威	268	6707	42
3	斯特拉斯克莱德大学	苏格兰	234	4181	31
4	奥尔堡大学	德国	187	5164	39
5	代尔夫特理工大学	荷兰	176	4576	32
6	天津大学	中国	159	1480	21
7	亥姆霍兹联合会	德国	152	3439	34
8	上海交通大学	中国	140	2255	25
9	美国能源部	美国	131	3803	28
10	法国国家科学研究中心	法国	118	2420	27

中国在海上风电领域进入全球发文量前 10 位的机构有天津大学和上海交通大学，发文量分别为 159 篇和 140 篇。2022 年 1 月，天津市发展改革委发布《天津市可再生能源发展"十四五"规划》，指出到 2025 年风电装机规模达到 200 万 kW，在海上风电方面，注重科学稳妥推进海上风电开发，优先发展离岸距离不少于 10 km、滩涂宽度超过 10 km 时海域水深不少

于 10 m 的海域，加快推进远海 90 万 kW 海上风电项目前期工作，支持海上风电与海洋牧场等融合开发，探索海上风电制氢，促进海上风电发展[①]。天津大学作为天津市的重要研究学府，其工程技术研究中心及建筑工程学院在海上风电领域也有相关布局并取得了一定的成果。2020 年，受国网江苏省电力公司委托，天津大学开展了"大规模海上风电并网相关技术及实践研究"咨询课题，项目通过对欧洲（德国、英国和丹麦）及中国海上风电发展、政策和规划，并网技术、监管制度，海上风电场建设和运行，电力市场机制等方面的调研和分析，完成了相关技术报告和国际会议论文[②]。此外，天津大学建筑工程学院的"海上风电新型筒型基础与高效安装成套技术"研究项目突破多项技术瓶颈，实现了海上风电高效、优质、低成本、规模化建造的目标，研究成果已成功应用于响水、大丰等风电场[③]。对于上海交通大学，其船舶海洋与建筑工程学院受中国三峡新能源（集团）股份有限公司牵头打造的全球首台抗台风型漂浮式风机——"三峡引领号"项目组委托，在海上风电领域开展 5.5 MW 半潜式漂浮式风机的水动力性能和抗台性能模型试验研究，自主研发了有效吹风面积广、风速大、风场均匀的造风系统[④]，为海上浮式风机水动力性能验证模型试验的顺利开展提供保障。此外，上海交通大学与华锐风电共建国家级风电研发中心——国家能源海上风电技术装备研发中心，研究领域包括风电机组整机控制技术、风电变流器技术、电伺服和液压变桨技术、大型风电场控制和电网接入技术、风力机性能分析和控制、海上陆上风场建设、风电政策的研究、风力发电整机设备测试[⑤]。上海交通大学直管的专业从事水下工程研发及技术服务的高新技术企业——上海交大海洋水下工程科学研究院有限公司（交

---

① 资料来源：https：//news.bjx.com.cn/html/20220128/1202060.shtml。
② 资料来源：http：//news.tju.edu.cn/info/1012/56568.htm。
③ 资料来源：http：//www.tju.edu.cn/info/1182/5086.htm。
④ 资料来源：https：//naoce.sjtu.edu.cn/xy_news/10814.html。
⑤ 资料来源：https：//www.seiee.sjtu.edu.cn/seiee/list/819-1-20.htm。

大海科）①在海上风电领域主要从事水下工程技术部分的研究开发和技术服务，如东海大桥风电二期J型管水下安装②等。尽管天津大学和上海交通大学在海上风电领域取得了重要成果，但在该领域两所高校的总被引频次和H指数在全球前10位的机构中相对较低，说明我国在该领域与领先国家相比还存在一定差距。

（3）发文期刊分析

海上风电领域的8000余篇文献共来源于991个出版物，发文量排名前10位的期刊如表8-2所示。影响因子大于10的期刊有两个，包括 *Renewable and Sustainable Energy Reviews*（17.551）和 *Applied Energy*（11.268）。*Renewable and Sustainable Energy Reviews* 重点关注可再生和可持续能源方面的文章，包括能源资源、海洋系统等多主题下的综述、研究和新技术分析等；*Applied Energy* 在能源领域具有较大的影响力，收稿范围比较广泛，从化石能源、可再生能源的创新技术和系统，到对环境没有或仅有轻微影响的工业和家庭能源应用都有所涵盖，另外还关注随之而来的建模预测、保护对策，以及能源政策及其环境、社会和经济影响，包括减缓气候变化和减少其他环境污染问题等方面的内容。

表 8-2　海上风电领域发文量前 10 位的期刊

排名	期刊名称	论文数量 / 篇	5 年影响因子
1	*Energies*	492	3.333
2	*Renewable Energy*	461	8.394
3	*Ocean Engineering*	447	4.500
4	*Wind Energy*	316	3.783
5	*Renewable and Sustainable Energy Reviews*	251	17.551
6	*Journal of Marine Science and Engineering*	183	2.727

---

① 资料来源：https：//cuti.sjtu.edu.cn/aboutus。

② 资料来源：https：//cuti.sjtu.edu.cn/n/117。

续表

排名	期刊名称	论文数量 / 篇	5 年影响因子
7	*Energy*	181	8.234
8	*Applied Energy*	142	11.268
9	*Energy Policy*	132	7.880
10	*Marine Structures*	121	4.370

　　发文量前 5 位的期刊近 10 年来的发文量变化如图 8-3 所示，总体来看，各期刊发文量均呈现明显增长趋势，说明该领域受到的重视程度近年来逐渐增强。

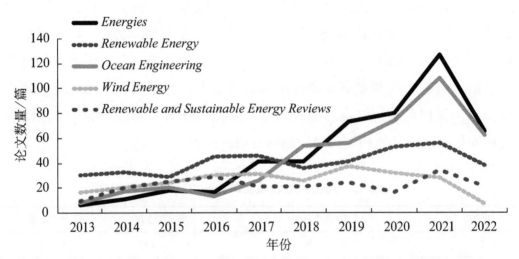

图 8-3　近 10 年来海上风电领域发文量排名前 5 位的期刊年度发文量

（4）研究方向分析

　　在海上风电领域研究方向方面，发文量前 10 位的研究方向如图 8-4 所示。发文量最多的为工程学，有 4243 篇，约占该领域总发文量的 50%。在该方向下高被引论文有 20 篇，包括大功率风能转换系统的风能技术、海上风电场等工业应用领域的驱动力相关变流器控制研究、海上风电场风力涡轮机运行与状态监测、风力发电机组等方面的研究。其次是能源燃料研究方向，有 2708 篇。在该方向下高被引论文有 41 篇，其中综述论文占 18 篇，包括风速和功率预测、风能开发与环境、波浪能等可再生能源、风力涡轮机等方面的研究，说明在这些方面研究人员关注较多。

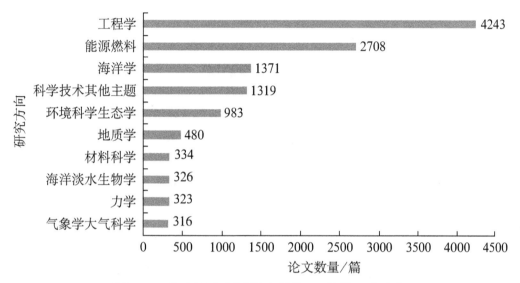

图 8-4　海上风电领域发文量前 10 位的研究方向

（5）关键词共现分析

利用 VOSviewer 软件中的关键词共现分析功能，将关键词最低共现次数设置为 10 次，得到 433 个关键词（图 8-5）。海上风力涡轮机（Offshore Wind Turbine）出现次数最多（489 次），其后为风能（Wind Energy）、海上风电（Offshore Wind）、可再生能源（Renewable Energy）、海上风力发电场（Offshore Wind Farm）。

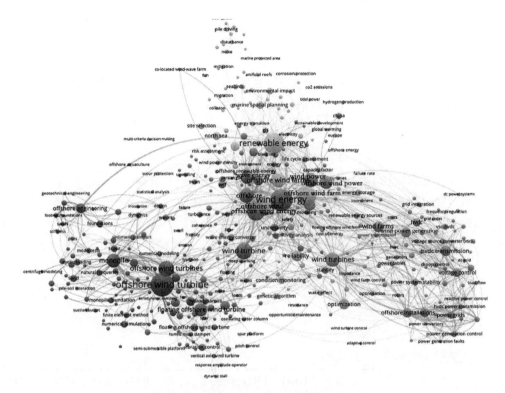

图8-5 海上风电领域关键词共现图谱

（二）专利计量分析

1.数据来源及研究方法

对海上风电技术国内外相关专利信息进行调研，以（TIAB=（offshore wind））AND（AD=[20030708 TO 20220708]）对所有专利数据进行检索，检索日期为2022年7月8日，共得到12 972条检索结果，经人工清洗后进行后续分析。

2.结果分析

（1）海上风电领域专利申请趋势

自2003年7月8日起，经数据清洗后近20年内公开的所有海上风电相关专利共12 751件，专利申请趋势如图8-6所示。总体上看，海上风电领域专利申请数量处于增长趋势，2015—2017 年，专利申请数量回落，说明该领域研发遇到了技术瓶颈，2018 年之后，海上风电技术有了新的突破，其专利申请数量呈现快速增加趋势，2020 年和 2021 年专利申请数量分别达到 1759 件和 1851 件。由于专利从申请到公开最长有 18 个月的迟滞，截至检索日，2020 年和 2021 年还有部分专利申请尚未公开。

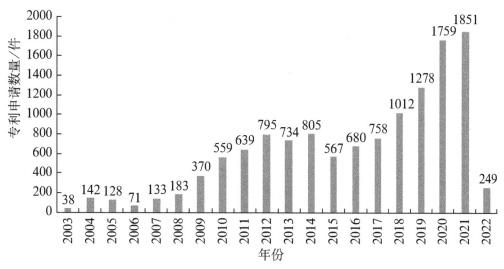

图 8-6 海上风电领域全球专利申请趋势

（2）重要国家分布

将不同国家/机构在海上风电领域公开的专利数量进行统计（图 8-7），结果显示，中国是海上风电领域专利公开最多的国家，有 7570 件，占全球的 60% 左右，其次是韩国和欧洲地区。从专利申请人来源国家的分布情况来看（图 8-8），中国是海上风电领域专利主要来源国家，占比约 60%，其次是德国（8.5%）、韩国（6.3%）、美国（4.6%）和英国（3.3%）。

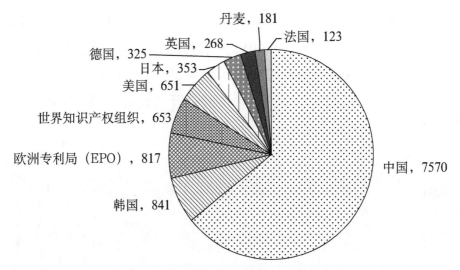

图 8-7　海上风电领域专利公开国家/机构分布（单位：件）

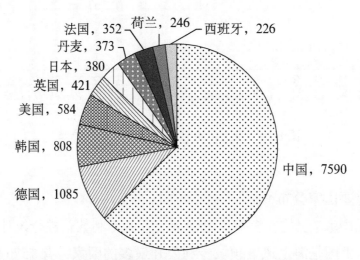

图 8-8　海上风电领域专利来源国家分布（单位：件）

（3）重要专利申请人分析

在海上风电领域专利申请数量排名前 10 位的机构中，企业占 6 席，高校占 4 席（表 8-3），我国在该领域专利申请方面占绝对优势。排名第 1 位的中国华能集团清洁能源技术研究院有限公司主要从事煤基清洁发电和转化、可再生能源发电、污染物及温室气体减排等领域的技术研发、技术转让、技术服务、关键设备研制和工程实施[①]。华能集团是中国海上风电领域重要的开发商，按照"两化两新"战略，在中国从北到南布局了多个基地型海上风电，重点开发辽宁、山东、江苏、浙江、福建、广东、广西等省区。2019 年 5 月，华能集团与江苏省政府签订战略合作协议，将在江苏省打造千万千瓦级的海上风电基地，通过推进海上风电布局优化与建设，探索深远海管理机制与加速创新，推动工程示范落地。中国华能集团清洁能源技术研究院有限公司"十四五"期间在海上风电领域将聚焦海上环境综合预估平台、精细化设计平台、一体化设计平台、冲刷防治与监控预警系统，打造数字化风机、风机场网实时仿真系统等核心技术创新[②]。中国电建集团华东勘测设计研究院有限公司（简称华东院）是中国电力建设集团的特级企业，先后承担了国内外 300 余项大中型水电水利工程的规划、勘测、设计、咨询等工作。在海上风电方面，华东院从 2005 年起开始海上风电勘察设计和科学研究，2007 年起率先开展江苏省和浙江省海上风电规划工作，相继承担两省"十二五""十三五"海上风电发展规划，并获得国家能源局批准。截至 2022 年 4 月，华东院承担勘察设计和总承包的海上风电项目并网容量规模超过 1600 万 kW，约占国内海上风电市场份额的 65%。海上风电项目分布从辽宁、河北、天津、山东到江苏、浙江、福建、广东和海南，遍布渤海、黄海、东海和南海[③]。

表 8-3 海上风电领域重要专利申请人

序号	专利申请人	专利申请数量 / 件
1	中国华能集团清洁能源技术研究院有限公司	297
2	中国电建集团华东勘测设计研究院有限公司	226

① 资料来源：https：//www.chng.com.cn/detail_cygs/-/article/Z1xDkiiMZwaW/v/774387.html。
② 资料来源：https://news.bjx.com.cn/html/20211116/1188297.shtml。
③ 资料来源：http：//www.ecidi.com/cn/energy.aspx。

续表

序号	专利申请人	专利申请数量 / 件
3	天津大学	216
4	大连理工大学	152
5	中国能源建设集团广东省电力设计研究院有限公司	148
6	中交第三航务工程局有限公司	114
7	上海交通大学	107
8	浙江大学	104
9	明阳智慧能源集团股份公司	97
10	广东明阳风电产业集团有限公司	85

（4）主要国际专利分类

从专利分类的角度来看，海上风电领域专利主要集中在 F 部（机械工程；照明；加热；武器；爆破），F03 大类（液力机械或液力发动机；风力、弹力或重力发动机；其他类目中不包括的产生机械动力或反推力的发动机），属于工程类。从 IPC 小类来看，属于 F03D（风力发动机）的专利申请数量最多，有 5429 件，其次为 B63B（船舶或其他水上船只；船用设备）、E02D（基础；挖方；填方；地下或水下结构物）及 E02B（水利工程）（表 8-4）。

表 8-4　海上风电领域专利分类分布

IPC 小类	专利申请数量 / 件	分类号含义
F03D	5429	风力发动机
B63B	2716	船舶或其他水上船只；船用设备
E02D	2663	基础；挖方；填方；地下或水下结构物
E02B	1102	水利工程
H02J	973	供电或配电的电路装置或系统；电能存储系统

续表

IPC 小类	专利申请数量 / 件	分类号含义
F03B	632	液力机械或液力发动机
B66C	521	起重机；用于起重机、绞盘、绞车或滑车的载荷吊挂元件或装置
E04H	347	专门用途的建筑物或类似的构筑物；游泳或喷水浴槽或池；桅杆；围栏；一般帐篷或天篷
G06Q	325	专门适用于行政、商业、金融、管理、监督或预测目的的数据处理系统或方法；其他类目不包含的专门适用于行政、商业、金融、管理、监督或预测目的的处理系统或方法
G06F	312	电数字数据处理

四、全球研究进展

海上风电产业经过近 10 年的快速发展，已成为近海可再生资源中技术成熟度最高的能源产业。涡轮技术及其安装、操作和系统集成方面的技术进步，使得更深水域和更远海岸的海上风电场建设成为可能。与此同时，技术进步使得风力涡轮机的尺寸更大、容量更大，有助于降低安装成本。

1. 风力涡轮机

风力涡轮机技术的发展大幅推动了海上风力发电产业。据报道，英国的风力涡轮机容量系数在 2010—2019 年大幅增长 46%。中国和日本的风力涡轮机容量系数在 2015—2019 年分别增幅 10% 和 7%。英国、丹麦和中国的风力涡轮机容量系数分别为 52%、50% 和 33%。中国风力涡轮机容量系数及其增幅较小的主要原因是其风力发电场部署位置靠近海岸线的浅水区，使用了适用于低风速的较小尺寸涡轮机。

涡轮机额定值、轮毂高度和转子直径的不断改进，使得涡轮机的尺寸和容量系数不断提升。2010 年，全球部署涡轮机尺寸在 2.0 ～ 5.0 MW，平均为 3.1 MW。其中，最小风力涡轮机为 2.0 MW，部署于距岸 8.5 km、水深 4 m 的近海区，最大风力涡轮机部署于距岸 56 km、水深 30 m 的近海区。2019 年，涡轮机尺寸在 3.0 ～ 8.4 MW，平均为 6.0 MW。其中，最小涡轮机部署于距岸 1.5 km、水深 18 m 的区域，最大涡轮机部署于距岸 98 km、水深 40 m 的区域。与此同时，海上风电场的部署也向深海区迁移。水深 11 ～ 40 m 的风电场数量由 2010 年的 6 个增加至 2019 年的 24 个。风力涡轮机尺寸的增加提高了成本竞争力，单机容量增加使得部署数量减少，降低了安装和运维成本。

在轮毂高度和转子直径方面，2010—2019 年，转子直径由 112 m 增至 157 m，增幅 40%。轮毂高度由 83 m 增至 108 m，增幅 30%。随着涡轮机尺寸、轮毂高度和转子直径的增加，海上风电场装机容量也在不断增长，从 2011 年的 83 MW 增加到 2017 年的 254.5 MW。

2. 地基安装

现有海上风电地基安装方式可分为固定式和浮动式两类。其中，固定式海上风电场是现有规模最大的安装类型，具体又可分为重力地基、单桩地基、三脚架地基和夹克地基。单桩地基设计简单且已经过充分验证，目前在 20 ～ 40 m 水域中占主导地位。夹克地基在超过 40 m 的水域中占主导地位。重力地基在 2017 年时主要部署水深为 10 ～ 20 m，2018 年时部署水深为 20 ～ 30 m。截至 2019 年年底，固定式海上风电场全球累计装机容量接近 34 GW。该技术可使风力涡轮机部署在 40 m 深的水域，距离海岸 80 km。

随着离岸距离的增加，海床深度也逐渐增加。浮动基地成为深水区、远岸区部署海上风电场的重要选择，并成为近期海上风电产业发展重点。该技术可使海上风电场部署于离岸较远的更深水域（超过 60 m），以获得更好的风能资源。2019 年，全球已安装 19 个浮动海上风电场，累计装机容量 56 MW。其中，54% 产能在英国，30% 产能在日本。近年来，浮动式海上风电场发展快速，挪威能源公司 Equinor 规划的 Hywind Tampen 海上浮动风电场预计 2022 年投入运营。该风电场部署于离岸 140 km、水深 260～300 m 的水域，拥有 11 台浮动式大型风力涡轮机，装机总容量 88 MW，旨在为挪威北海的海上石油和天然气业务提供电力支撑。与此同时，全球已有 6 个国家宣布实施 13 个海上浮动式风电项目。IRENA 预计，到 2030 年，全球装机容量将达到 5～30 GW，2050 年达到 50～150 GW，约占全球海上风电装机容量的 15%。

五、发展趋势

1. 海上风力产业发展潜力分析

资源评估揭示，全球海上风电技术潜力超 12 万 GW，每年可产生电力超过 42 万 TW·h，满足 2040 年全球电力需求的 11 倍。具体而言，俄罗斯、加拿大和美国海上风电潜力资源最为丰富，分别占全球资源潜力的 20%、12% 和 11%。但上述仅是理想状态下的假设数据，实际产业发展还应考虑岸上输配电基础设施的可用性及其他问题。

技术潜力与国内电力需求比较表明，在"既定政策情景"中，许多国家的海上风电产业可在 2040 年满足本国电力需求。例如，欧洲海上风电技术潜力是电力需求量的 10 倍以上，美国（除阿拉斯加和夏威夷）2040 年海上风力产业发电量可达到电力需求量的 2 倍。印度和中国能够在 2040 年满足大部分电力需求，技术潜力分别接近每年 6000 TW·h 和 8300 TW·h。

根据部署水深，技术潜力可分为浅水（低于 60 m）和深水（60～2000 m）可用潜力。浅水区技术潜力每年超过 8.7 万 TW·h，可满足"既定政策情景"下 2040 年全球电力需求的 2 倍多。位于较深水域的技术潜力每年超过 33 万 TW·h。目前，深水部署的成本较为高昂，但浮动平台技术的发展可降低成本并开辟巨大技术潜力。

欧洲海上风电技术潜力近 5 万 TW·h/ 年，与北海和波罗的海接壤国家（如挪威、冰岛、英国、法国、丹麦、荷兰和德国）占其 30%～50%

潜力。欧洲国家正积极尝试扩大其海上风电市场，以充分利用海上风力资源，计划开发北海风电枢纽，以轮辐式配置连接多个风电场。欧洲超过1300 TW·h技术潜力位于浅水区和靠近海岸的区域，尤其是北海沿岸。

东亚海上风电产业将迎来快速发展，技术潜力每年超过2.2万TW·h。中国沿海城市浅水水域具有每年发电近4700 TW·h的技术潜力。日本浅水区每年可提供约40 TW·h电量，深水区技术潜力每年超过9000 TW·h，但需要浮动平台技术实现上述资源动用。

北美地区每年技术潜力超过4.6万TW·h，其中约25%位于美国。美国浅水区每年可提供超过3300 TW·h电量，深水区每年可提供超过8700 TW·h电量。其中一些潜力位于大西洋沿岸，靠近华盛顿特区、波士顿和纽约等主要城市。五大湖地区每年还有超过900 TW·h的技术潜力。

海上风电资源潜力评价还可阐明给定发电成本水平下的技术潜力。分析揭示，2030年，大规模海上风电场可部署在领先市场，其成本等于或低于燃煤和燃气发电成本。海上风电装置总成本因离岸距离和海床水深的不同而存在差异。根据上述评估，可以确定全球海上风电中低成本开发区域：①开发成本在50美元/（MW·h）时，中国近海区域具有开发潜力；②开发成本在60美元/（MW·h）时，美国、欧洲和澳大利亚具有开发潜力；③开发成本在80美元/（MW·h）时，中国、美国和欧洲分别有约1000 GW的技术潜力；④因风力和海底水深因素影响，韩国和印度的海上风电开发成本更高。日本深水区风力资源丰富，但开发成本较高，若浮动式海上风电技术成熟可实现深水区资源充分动用。

2. 海上风电产业技术发展趋势

（1）海上涡轮机技术

风力涡轮机容量的增加是降低海上风能成本的主要驱动力之一。更大的涡轮机尺寸可在同一电厂装机容量下减少涡轮机数量，进而降低成本。海上涡轮机尺寸、轮毂高度和转子直径的改进显著提升了海上风电产业的市场竞争力。更大的容量、更大的转子和更高的塔高将显著增加年产能，并降低运维成本。Rystad Energy 的一项研究表明，使用 14 MW 涡轮机新建 1 GW 风电场比安装现有 10 MW 涡轮机节省近 1 亿美元。GWEC 预计，海上涡轮机的尺寸和容量将持续增大，下一代海上涡轮机将达到 20 MW 左右，转子直径达 275 m。目前，世界主要海上风力涡轮机制造商正在开展新一代风力涡轮机研发。维斯塔斯（Vestas）已相继宣布研发 15 MW 和 17 MW 海上风力涡轮机，其中，15 MW 涡轮机叶片长度为 115.5 m，转子直径 236 m，预计于 2022 年安装投入使用，2024 年批量生产。

（2）基地安装及叶片回收

全球海上风电项目正向更深水域和离岸更远的区域部署。在固定式安装领域，现有单桩地基模式占市场主导份额，但随着技术的发展，多桩地基模式将快速增长，预计将增长 4 倍。此外，重力地基也将快速发展。随着现有技术的发展和混合浮动平台的引进，浮动海上风电项目正快速发展。浮动地基可以安装在更深的水域和离岸更远的区域。例如，2021 年，苏格兰萨拉曼德浮式海上风电项目与 Ocergy 签署合同，研究使用 Ocergy 半潜技术推动浮动海上风电机组建设。

海上风电产业的退役设备可持续性正引起广泛关注。虽然钢塔及其他金属或塑料部件可使用传统方法进行回收利用，但复合叶片较难回收利用。因此，海上风力发电商和开发商正试图增加风力涡轮机叶片的回收利用。2020 年 1 月，Vestas 宣布到 2040 年生产零废物风力涡轮机的目标。

（3）多能源电厂建设

海上风力发电可同其他可再生能源融合，充分利用电网基础设施，以实现能源充分利用和运营成本降低。海洋能技术发电的可预测性补充了太阳能光伏和风能（陆上和海上）的可变特性，这使得它们适合提供稳定的基荷电力。组合技术发电系统是创新型能源模式，其不将海上可再生能源发电技术视为独立运行，而是将诸多能源系统结合实现协同作用，相互补充并提高功率输出和效率，如潮汐能和浮动风力平台建设，以及海上风力同太阳能结合。

（4）Power-X 技术绿氢制备

电气化率、用能效率及可再生能源占比的提升成为能源部门脱碳的重要减排路径。但对于航海、航空等重载运输业而言，氢能的使用成为碳减排的主要技术手段。但全球现有氢制备来源主要源于化石燃料，氢制备本身存在二氧化碳排放的问题。为此，海上风电同绿氢制备产业融合成为未来重要发展方向。

利用海上风电制氢具有以下技术优势：一是区位优势。产业集群集中于沿海地区，可有效扩展氢能利用场景和应用效率。二是能源优势。海上风能是可再生能源中容量系数较高的能源类型，满足电解槽制氢所需的大量能源消耗需求，可增加制氢产能并降低成本。三是土地优势。海上风电制氢可消除土地利用局限性，陆上部署千兆瓦级绿氢项目需要更多的土地资源。鉴于海上风电制氢模式的优势，自 2019 年起，全球已有 10 余个海上风电制氢项目开始部署，目前主要部署于欧洲地区。其中，德国、荷兰和丹麦已分别部署 10 GW、4.3 GW 和 2.3 GW 项目。壳牌、RWE、加苏尼等开发商计划利用 10 GW 的海上风能生产氢气并将其输送到欧洲，目标是从 2035 年起（RWE 2020）生产 100 万吨氢气 / 年。

目前，海上风电制氢主要采用两种方式。第一种方式是利用过剩风能或专门建造海上风电项目，采用电解槽方式利用海水制氢，绿氢将被压缩并储存在储罐系统中统一运输。此外，也可利用海底电缆将海上风电产能传输回沿海陆地，直接用于沿海电解槽制氢。壳牌财团正在研发的 10 GW NortH$_2$ 绿色氢气项目是该解决方案的代表。第二种方式是将过剩风能为海上石油、天然气平台的电解器供电，利用海水制氢，将绿氢通过天然气管道以混合运输的方式运输回陆地。

（执笔人：王 超）

第九章　氢　能

　　当前，全球能源消费结构加速向低碳化转型，氢能作为清洁能源受到世界主要国家和地区的高度关注。2020 年，占全球 GDP 总量 70% 的 10 余个国家纷纷发布了本国氢能产业中长期发展战略，堪称国际氢能产业"政策元年"。其中，美国、欧盟、德国、日本和韩国结合自身资源禀赋和产业现状，明确氢能产业在国家能源体系中的定位及在碳中和进程中的角色，制定系统化氢能产业政策，引导氢能产业健康发展。在全球碳中和及新冠肺炎疫情之后经济低迷的关键节点，氢能产业已成为世界主要国家和地区应对全球气候变化和疫情后经济复苏的重要发展领域。

一、氢能概述

　　氢能是一种来源广泛、清洁无碳、灵活高效、应用场景丰富的二次能源，是推动传统化石能源清洁高效利用和支撑可再生能源大规模发展的理想互联媒介，是实现交通运输、工业和建筑业等领域大规模深度脱碳的最佳选择。

　　氢气作为一种多用途能量载体和化学原料，可实现多类型能源（可再生能源、核能、化石能源）的融合，其行业耦合属性主要体现在：①氢作为一种应用广泛的能源形式，应用于燃料电池、合成动力燃料等领域，可为交通、工业提供直接能源动力。②氢作为能量储存器，可根据供需关系灵活储存可再生能源，解决其时间、空间能源供需平衡问题。③氢是工业生产和工业脱碳的重要基础原料，一方面用于产品制备；另一方面可与工业生产捕集的二氧化碳结合，转化为化学产品（图 9-1）。

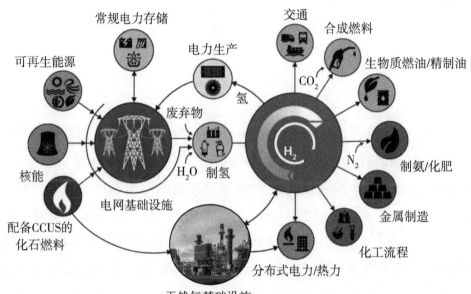

图 9-1　氢能能源系统概念模式 [1]

从产业链角度而言，氢能产业链涵盖上游氢生产与供应（化工重整、电解水制氢、工业副产等）、中游燃料电池（质子交换膜、铂基催化剂、膜电极等）及下游商业应用（交通运输、工业用能、建筑用能、工业原料）多个领域。仅下游商业应用部分，国际氢能委员会就提出了四大行业和 34 个场景 [2]。氢能产业发展将带动氢能产业链上、中、下游零部件商、原材料商、设备商、制造商和服务商快速发展。

鉴于氢能产业独特的行业耦合属性及全产业链特征，多个国家和地区将氢能产业作为能源结构转型的重要基石及经济复苏的重要支柱。日本在 2017 年将氢能确定为国家能源战略 [3]，德国将氢能确立为碳中和能源转型的

---

① 资料来源：美国能源部 H2@Scale。
② 资料来源：国际氢能委员会，《氢能竞争力路径：成本视角》，2020 年 1 月。
③ 资料来源：日本，《氢和燃料电池技术发展战略》，2019 年 9 月。

替代能源，欧盟明确将建立以可再生氢能和可再生电力为核心的零碳排能源系统，美国提出确保拥有丰富、安全、经济的氢能供应，以维持整个 21 世纪及以后的国家繁荣。

二、各国战略部署

在减少碳排放、能源安全、促进经济增长等因素的驱动下，美国、欧盟、德国、日本、韩国等国家和地区结合自身产业发展现状，制定系统化的氢能源产业相关政策，支持氢能产业健康、快速发展。

1. 美国

美国是最早将氢能及燃料电池作为能源战略的国家。自 1990 年起，美国以政策评估、商业化前景预测、方案制定、技术研发、示范推广的思路推动氢能产业发展。在此过程中，以美国能源部（DOE）为主导，投入大量资金用于解决氢能产业发展面临的关键技术难题，确保美国在全球氢能领域的技术优势地位。

美国在氢燃料电池汽车市场、加氢站利用率等方面处于国际领先。截至 2020 年 6 月，美国氢燃料电池乘用车累计销量（含租赁）达 8413 辆，氢燃料电池叉车超过 3 万辆。在氢能交通领域应用方面，美国加州处于国际领先地位，其氢燃料电池乘用车市场份额约 98%，运营氢燃料电池大巴 42 辆，加氢站 42 座。在氢能基础设施方面，美国加氢站数量仅次于日本和德国，位居世界第三，加氢站利用率高，平均每座加氢站服务汽车数量约 130 辆，并计划在 2020 年、2025 年和 2030 年加氢站数量分别达到 100 座、200 座和 1000 座。此外，2019 年美国燃料电池出货量达到 384.1 MW，约 8600 套，其固定式燃料电池系统装机量位居全球第一（主要为工业级 100 kW 以上的机组）。

近期，美国加强对氢能产业的政策扶持力度。2020 年 7 月，美国能源部宣布在 2020 财年提供约 6400 万美元，用于支持 "H2@Scale" 行动中的

18 个项目，以实现氢在多领域中大规模生产、储运和利用的经济性。研究重点聚焦两个方面：一是突破大规模、长寿命、高效率、低成本的电解槽技术；二是加速重型车辆（包括长途卡车）燃料电池系统的开发，以实现其与传统燃油发动机相当的经济性，并计划未来 5 年持续投入 1 亿美元支持相关研究。2020 年 11 月，美国能源部发布"氢能项目计划"，计划氢气年需求量由 2020 年的 1000 万吨增至 2050 年的 2000 万～ 6000 万吨，聚焦氢制备、氢运输、氢储存、氢转化和氢应用 5 个领域关键技术研发。2021 年 6 月，美国能源部发布"能源地球计划"，将氢能作为首个发展项目，计划绿氢成本在未来 10 年内降低 80%，至 1 美元 /kg（2020 年为 5 美元 /kg）。

2. 欧盟

欧盟先后制定了《2005 欧洲氢能研发与示范战略》《2020 气候和能源一揽子计划》《2030 气候和能源框架》《2050 低碳经济战略》等氢能相关战略。2019 年 1 月，第二代欧盟燃料电池和氢能联合组织（FCH2JU）主导发布《欧洲氢能路线图》。欧盟委员会于 2020 年 3 月发布《欧洲工业战略》，部署氢燃料电池卡车；7 月发布《欧盟氢能战略》和《欧盟能源系统整合策略》，以此助力欧盟实现 2050 年碳中和目标，同时在氢领域创造就业，进一步刺激欧盟在后疫情时代的经济复苏。

欧盟希望氢能在 2030—2050 年在实现碳中和所需的深度减排方面发挥重要作用，专注于绿氢制备。《欧盟氢能战路》将氢能产业发展划分为 3 个阶段：第一个阶段（2020—2024 年），在欧盟境内建成装机容量为 6 GW 的大型电解槽（单槽功率达 100 MW），绿氢年产量超过 100 万吨；第二个阶段（2025—2030 年），建成多个区域性制氢产业中心，电解槽装机容量提升至 40 GW 及以上，绿氢年产量达到 1000 万吨；第三个阶段（2030—2050 年），重点是氢能在能源密集产业的大规模应用，聚焦于钢铁和重载运输行业。

3. 德国

德国将氢能确立为碳中和能源转型的替代能源，为确保 2030 年温室气体排放总量较 1990 年减少 55% 的阶段目标，德国政府于 2020 年 6 月发布《国家氢能战略》，为氢能产业的生产、运输、使用和相关创新、投资制定了行动框架。该战略分为两个阶段：第一个阶段（2020—2023 年），聚焦国内氢能市场，扩大国内市场需求；第二个阶段（2024—2030 年），在稳固国内市场的同时，加强欧洲与国际市场开发，服务德国经济。此外，德国政府成立了一个由多领域产学研专业人士组成的国家氢能委员会来推动战略实施，并将在现有基础上新增 70 亿欧元（约合人民币 578 亿元）用于氢能源市场推广应用，20 亿欧元（约合人民币 165 亿元）用于相关国际合作。在基础设施方面，截至 2019 年年底，运营加氢站 78 座，未投运 9 座，2020 年运营加氢站将超过 100 座。鉴于目前氢燃料电池汽车数量较少（仅有 600 多辆），导致加氢站利用率较低，为此，德国计划持续扩大氢燃料电池汽车规模。

4. 日本

2017 年 12 月，日本发布《基本氢能战略》，旨在创造一个"氢能社会"。该战略的主要目的是实现氢燃料与其他燃料的成本平价，在汽车（包括卡车和叉车）和发电领域实现氢能对传统能源的替代，发展家庭热电联供燃料电池系统。2019 年 3 月，日本政府公布《氢能利用进度表》，明确至 2030 年氢能应用的关键目标。

丰田、本田等企业积极推动日本氢燃料电池汽车的发展。2019 年，丰田氢燃料电池乘用车 Mirai 销量超过 2400 辆（主要销往美国加州），并推出 10.5 m 氢燃料电池大巴 SORA。截至 2019 年年底，日本运营氢燃料电池乘用车超过 3500 辆，氢燃料电池大巴达 22 辆。与此同时，丰田汽车同日本液化空气等 11 家公司于 2018 年 3 月联合成立 Japan H2 mobility（JHyM），以促进加氢站的部署。截至 2019 年年底，日本共有加氢站约 130 座，每座加氢站服务车辆约 30 辆。为保证本土的氢能供应，日本推进日本—文莱天然气制氢、日本—澳大利亚褐煤制氢等海外船舶输氢项目，并于 2020 年 2 月完成福岛 10 MW 级制氢装置的试运营。

5. 韩国

韩国 2018 年发布《创新发展战略投资计划》，将氢能产业列为三大战略投资方向之一。2019 年，韩国工业部联合其他部门发布《氢经济发展路线图》，提出在 2030 年进入氢能社会，率先成为世界氢经济领导者。韩国政府计划 2040 年氢燃料电池汽车累计产量增至 620 万辆，加氢站增至 1200 座，燃料电池产能扩大至 15 GW，氢气价格约为 3000 韩元 /kg（约合人民币 17.6 元 /kg）。

在此背景下，韩国氢燃料电池汽车市场发展迅速。2019 年，现代 NEXO 氢燃料电池乘用车全年销量 4987 辆，超过丰田 Mirai，位居世界第一。韩国在燃料电池发电应用与氢能保障领域也加大部署。截至 2019 年年底，韩国燃料电池发电装机规模为 408 MW，全球占比约 40%，超过美国（382 MW）和日本（245 MW）。此外，韩国政府对外与沙特、挪威、澳大利亚、新西兰签署合作协议，共同开发制氢项目，确定安山、蔚山、完州与全州作为"氢经济示范城市"试点，建立氢能示范区，在住宅和交通领域率先采用氢能技术。

6. 各国氢能战略对比剖析

提高制氢产能成为各国氢能战略发展主线，通过技术创新提高制氢产能，扩大氢气市场需求。美国计划至 2030 年建立全球领先、安全、独立的国内氢产业供应链，至 2050 年氢需求量达 2200 万～ 4100 万吨 / 年（2020 年产量约 1000 万吨）[1]。欧盟计划至 2030 年完成 2×40 GW 可再生氢能电解槽装置，实现绿氢产量 1000 万吨 / 年，至 2050 年氢能在欧盟能源结构中占比达到 13%～ 14%（目前为 2%）[2]。德国预计至 2030 年氢能需求量达 90～ 110 TW·h（2020 年需求量为 55 TW·h），在工业（化工、钢铁）行业将迎来氢能需求的第一波增长[3]。

---

[1] 资料来源：美国能源部，《氢能项目计划》，2020 年 11 月。
[2] 资料来源：欧盟委员会，《欧洲气候中性的氢能战略》，2020 年 7 月。
[3] 资料来源：德国，《国家氢能战略》，2020 年 6 月。

不同国家和地区的制氢路径存在差异。欧盟、德国和日本将可再生能源制氢（绿氢）①作为未来发展方向。通过大规模电解槽技术攻关、天然气网—电网业务模式创新、能源市场定价改革等措施，大力推进可再生能源制氢产业发展。预计到 2030 年，欧盟电解槽部署规模将超过 40 GW，绿氢年产量 1000 万吨。与上述国家不同，美国提出氢制备不局限于可再生能源，强调充分利用国内各种资源（化石燃料、生物质/废物资源、可再生资源、核能）来实现可持续、大规模、经济、安全的国内氢气供应。

概括而言，世界各国氢能产业发展战略可划分为市场创造、技术示范和规模应用 3 个阶段。市场创造阶段以扩大制氢能力和氢能市场占比为目标，大力发展大规模电解槽装置研发和应用，同步推进大型风能和太阳能产业规模，为可再生能源制氢奠定技术和资源基础；技术示范阶段以实现可再生能源大规模制氢为目标，发挥绿氢在平衡可再生能源电力系统中的重要作用；规模应用阶段以实现可再生氢能技术成熟并大规模部署为目标，覆盖所有难以脱碳的领域，尤其是通过氢能衍生合成燃料等方式，应用于航空、航运、建筑等难以脱碳的部门。

7. 我国氢能产业发展战略

中国政府对发展氢能持积极态度，已在多项产业政策中明确提出要支持中国氢能产业发展，近期支持政策出台频率更加密集，支持力度不断增加。但截至 2020 年 6 月底，尚未出台全国性的氢能发展规划。

具体而言，由国务院印发的《节能与新能源汽车产业发展规划（2012—2020 年）》《中国制造 2025》《"十三五"国家战略性新兴产业发展规划》等国家纲领性规划文件均指出，要系统推进燃料电池汽车研发与产业化，发展氢能产业。2016 年，国家发展改革委、国家能源局编制了《能源技术革命创新行动计划（2016—2030 年）》与《能源生产和消费革命战略（2016—2030 年）》，将氢能与燃料电池技术创新作为重点任务，推进纯电

---

① 指通过电解方式从水中制备而成，其中进行电解所采用的电能完全来自可再生能源。

动汽车、燃料电池等动力替代技术发展，发展氢燃料等替代燃料技术，实现大规模、低成本氢气的制储运用一体化，以及加氢站现场储氢、制氢模式的标准化和推广应用。2019 年 3 月，氢能首次被写入政府工作报告，明确推动加氢站等基础设施建设。2019 年年底，《能源统计报表制度》首度将氢气纳入 2020 年能源统计，15 部门印发《关于推动先进制造业和现代服务业深度融合发展的实施意见》，推动氢能产业创新、集聚发展，完善氢能制备、储运、加注等设施和服务。2020 年年初，国家发展改革委、司法部发布《关于加快建立绿色生产和消费法规政策体系的意见》，提出于 2021 年完成研究制定氢能、海洋能等新能源发展的标准规范和支持政策。2020 年 4 月，国家能源局发布《中华人民共和国能源法（征求意见稿）》，氢能被列为能源范畴。2020 年 6 月，氢能先后被写入《2020 年国民经济和社会发展计划》《2020 年能源工作指导意见》。

三、总体发展状况

1. 论文发表情况

各国高度重视氢能产业发展，带动氢能领域科技进步与发展。统计数据揭示，自 2012 年以来，氢能领域全球论文发表数量呈逐渐增长趋势，至 2020 年全球论文发表数量达 161 篇（图 9-2）。

从国家维度而言，氢能领域论文发表数量排名前三的国家依次为中国、美国和英国，发表数量分别为 218 篇、207 篇和 69 篇，其中，中国和美国的论文发表数量接近，且显著高于其他国家（图 9-3）。论文被引频次统计揭示，美国、中国和英国位列前三，其中，美国论文被引频次为 4140 次，高于中国 3629 次（图 9-4）。在篇均论文被引频次方面，英国、美国、中国分别为 29.7、20.0、16.6 次，间接反映出虽然英国论文发表数量较少，但单篇论文质量较高，受行业关注度较高。

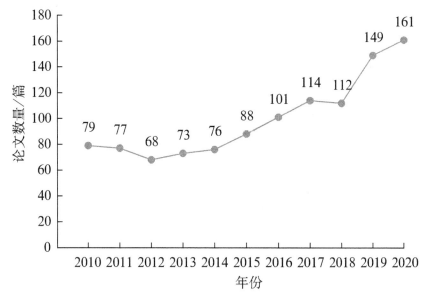

图 9-2 氢能领域历年发表论文数量

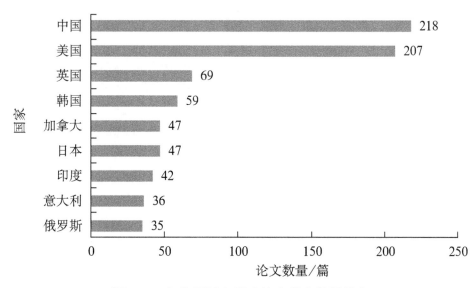

图 9-3 氢能领域各国家论文发表数量排名

　　氢能领域机构论文发表数量统计表明，俄罗斯科学院、浙江大学和桑迪亚国家实验室居前 3 位。在前 10 名机构中，中国机构有 5 家，占比 50%，美国机构有 3 家，占比 33%（图 9-5）。在被引频次统计中，被引频次较高的 3 家机构依次为首尔国立大学、通用汽车和马来亚大学，在前 10 名机构中，美国有 3 家，英国有 3 家，中国有 1 家（中国科学院）（图 9-6）。

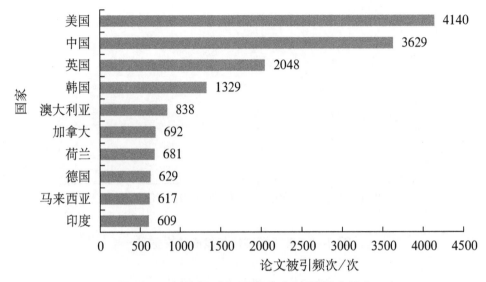

图 9-4　氢能领域各国家论文被引频次排名

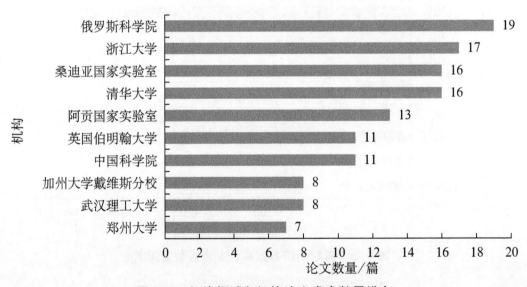

图 9-5　氢能领域各机构论文发表数量排名

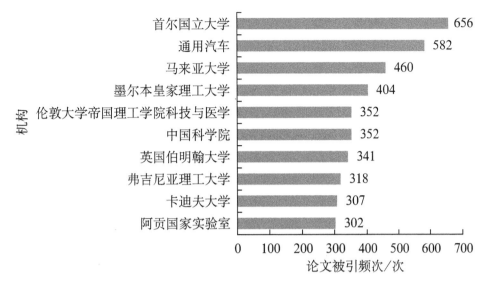

图 9-6 氢能领域各机构论文被引频次排名

氢能领域论文主要聚焦化学／物理、能源／燃料和绿色与可持续科学技术 3 个方面，占比分别为 39%、10% 和 8%（图 9-7）。

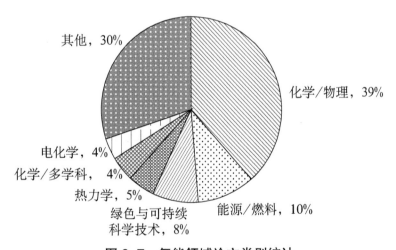

图 9-7 氢能领域论文类别统计

2. 专利发表情况

自 2018 年以来，氢能领域专利申请数量增幅较大（图 9-8）。专利申请的主要国家／机构依次为中国、日本、美国、欧洲专利局和韩国等，其中，中国专利申请数量累计达 15 856 件，远超其他 3 国及欧洲专利局总和（图 9-9）。在专利申请排名前五的专利权人中，中国占有 3 席，分别是武汉格罗夫氢能汽车有限公司、中国石油化工股份有限公司和浙江大学（图 9-10）。

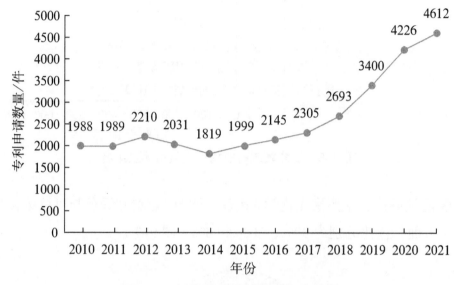

图 9-8　氢能领域历年专利申请数量

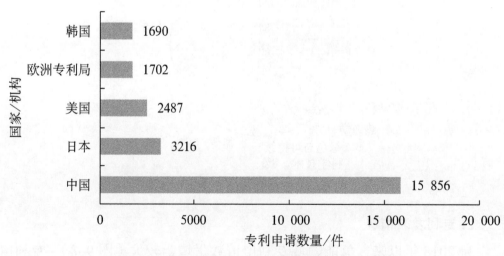

图 9-9　氢能领域专利申请数量国家 / 机构排名

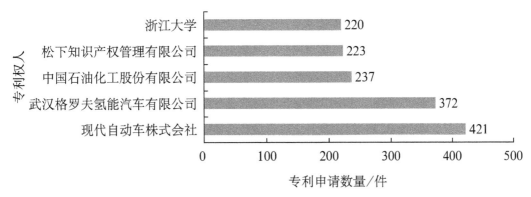

图 9-10　氢能领域专利权人排名

四、全球研究进展

1. 氢气制备

氢气制备可源于化石燃料、生物质、水或其他混合物。目前，天然气是氢气制备的主要原料，天然气年制氢量为 7000 万吨，约占全球氢气总产量的 2/3，年消耗天然气 2050 亿 m^3（约占全球天然气总消费量的 6%）。煤炭制氢量占全球氢气总产量的 23%，共消耗煤炭 107 亿吨（占全球煤炭总消费量的 2%）。

（1）天然气制氢

重整技术是被广泛使用的天然气制氢技术，主要可分为蒸汽重整、部分氧化重整及自热重整 3 种方式。其中，蒸汽重整主要提取天然气中的氢，部分氧化重整提取重质燃料油与煤炭中的氢。具体而言，甲烷蒸汽重整是目前应用最为广泛的蒸汽重整技术，且已建成大量的甲烷蒸汽重整装置，短期内仍将是大型制氢项目的主力技术。但随着碳中和进程的不断推进，CCUS 技术被用于甲烷蒸汽重整与自热重整制氢项目中，并可实现碳排放量降低 90% 以上。在 CO_2 捕集率 > 90% 的情况下，甲烷蒸汽重整技术成本高于自热重整技术。为此，美国 HyNet 与 H21 项目计划推广配备 CCUS 装置的自热重整技术，以取代甲烷重整技术。

此外，甲烷分解技术为制氢产业发展开辟了新途径。该技术以三相交流电等离子体为基础，使用甲烷作为原料，电能作为能源，工艺过程可生成氢气与固体碳，且无二氧化碳排放。目前，美国巨石材料公司（Monolith Materials）在加利福尼亚州运营着一座甲烷分解制氢试验工厂。未来5年，炭黑全球需求量预计将由1200万吨攀升至1600万吨，通过甲烷分解法既可实现500万吨氢气/年的产量，同时可满足不断攀升的炭黑需求量，避免二氧化碳的排放。

（2）电解水制氢

目前常用的电解水制氢技术为碱性水电解技术、质子交换膜水电解技术与固体氧化物电解槽技术。碱性水电解技术是成熟且已实现商业化应用的技术，具有低成本优势，但整体效率和经济性低于甲烷蒸汽重整技术。为克服碱性电解槽的部分操作缺陷，通用电气公司于20世纪60年代首次引进质子交换膜电解槽系统，该技术具有体积小、操控灵活的优点，但成本高于碱性电解槽。固体氧化物电解槽技术尚处于示范阶段。相较于前两类技术，固体氧化物电解槽可作为燃料电池反向运行，将氢气转化为电能，即可与储氢设施组合使用，为电网提供平衡服务，从而提高设备的整体利用率。

（3）煤制氢

煤气化制氢是一项成熟的技术，几十年来被广泛用于合成氨，以及化学和化肥行业。目前，全球投入运营的煤气化厂达130座，其中80%以上位于中国。煤制氢技术的CO_2排放强度较高。通过装配碳捕获、利用与封存装置，可将生产的合成气用作联合循环电厂的燃料，并产生低碳电能。通过装配水煤气变换（WGS）装置，可使用合成气来生产更多的氢气。目前，澳大利亚正通过使用高压部分氧化工艺配以CCUS技术，以褐煤为原料制备氢气，将氢气液化运至日本销售。

（4）生物质制氢

生物质热化学转化气化技术可将生物质转化为一氧化碳、二氧化碳、氢气与甲烷的混合体系，需要进一步处理以提取氢气。相较于太阳能或风能电解制氢工艺，该技术加工处理工艺较为复杂，成本相对较高。然而，生物质制氢与 CCUS 技术相结合，可实现"负排放"，该组合工艺在未来具有极大应用前景。

2. 氢气储存、运输与配送

（1）氢气储存

一般来说，地质储存是大规模及长期储存的最佳选择，而储罐储存更适合小规模及短期储存。盐穴、枯竭的天然气藏、油藏及含水层等地下空间均适合氢的大规模及长期储存。美国目前拥有全球最大的盐穴储氢系统，能够储存蒸汽甲烷转化炉约 30 天的氢气产量（1 万～ 2 万吨氢气）。英国有 3 个可以储存 1000 吨氢气的盐穴。德国正筹备 3500 吨的储氢盐穴示范项目（预计 2023 年正式启动）。用于储存压缩氢气或液化氢气的储罐具有较高的排放率及 99% 以上的使用效率，但压缩氢气能量密度仅为汽油的 15%，即所需储存空间将是拥有相同能量汽油的 7 倍。目前，固态材料（如金属和化学氢化物等）储氢等技术正在早期研究阶段，一旦成功，将能够在常压下储存更大密度的氢气。

（2）氢的运输和配送

氢能产业的快速发展取决于能否构建并衔接好氢气生产、运输、分配、储存和终端利用的每套基础设施。将氢气掺混到现有天然气基础设施中，将规避开发新的氢气输配设施所需的巨额资本投入。目前，全球共有 30 余个示范项目正在研究天然气管网混入氢气的可行性。荷兰 Ameland 项目研究成果表明，30% 的氢气混入量不会对家庭设备的使用造成影响。英国利兹市 H21 城市门站项目正在对利用天然气输配管网输送氢气以为家庭和企业供热的可行性进行研究。

3. 氢气利用

（1）工业领域应用

氢气在工业领域的应用主要集中在炼油、化工和钢铁制造领域。

在炼油领域，加氢处理和加氢炼化是主要的耗氢过程。前者主要是去除原油中的杂质（如硫）；后者是利用氢气将重质原油升级为价值更高的石油产品。该领域研究攻关聚焦利用 CCUS 技术实现氢气制备，以及采用电解氢气方式实现绿氢生产。

在化工领域，氨及甲醇生产成为全球氢气需求总量的第二大和第三大来源，年耗氢量分别为 3100 万吨和 1200 万吨。替代工艺技术和原料可以满足化学领域氨和甲醇生产过程中氢气的需要，同时减少二氧化碳排放。2018 年以来，世界上最大的氨生产商雅苒国际集团公司一直在使用来自蒸汽裂解装置的副产品氢气，并以此降低其在荷兰合成氨工厂的天然气消耗量。此外，位于智利和摩洛哥的电解氢气项目也正在进行类似的可行性研究。美国爱荷华州正在开展相关工艺研究，旨在利用太阳能电解工艺所产生的氢气来生产氨，并将其用作化肥和燃料。

在钢铁制造领域，氢还原炼铁年需求量约 400 万吨。目前，低排放钢铁生产项目受到广泛关注。瑞典的 SSAB 公司、LKAB 公司和 Vattenfall 公司共同成立了 HYBRIT 合资企业，以探索利用一种改进的直接还原铁电弧炉工艺实施基于氢气的炼钢生产。目前，该项目处于试验阶段，预计 2036 年建成第一座商业化生产工厂。由欧盟的燃料电池和氢气事业联合会（FCH JU）资助的 GrinHy 和未来氢气项目旨在扩大新型电解槽的运用规模，以确保不同来源的可再生电力可以有效地用于钢铁生产和其他工业领域。此外，日本研究人员已实现在实验室条件下用氨来还原赤铁矿。该技术若得到商业化应用，将为不易获得低碳氢气的地区提供便利。

（2）运输业领域应用

长期以来，氢气普遍被作为一种潜在的运输燃料。目前，氢燃料电池汽车对氢的直接使用受到广泛关注。如今，丰田公司和现代公司在燃料电池电动汽车的制造方面处于全球领先地位，其中，丰田公司宣布在 2020 年后每年生产超过 3 万辆燃料电池电动汽车，现代公司计划到 2030 年产能为 70 万套/年。在卡车领域，现代公司和 Nikola 公司处于领先地位，现代公司计划于 2025 年在瑞士及其他欧洲国家推出 1600 辆燃料电池电动卡车，与此同时，现代公司和 Nikola 公司都密切参与绿氢燃料供应。除公路应用外，很多国家已制定氢能列车使用计划。

（3）建筑领域应用

用低碳能源取代传统能源为建筑供热是一项艰巨的任务。氢气拥有促进能源转型和供热脱碳等长期战略实施的潜力。目前，英国已利用氢气为建筑物供热，在英格兰北部实施的 H21 项目计划利用管道向建筑物供应 100% 纯氢气实现供热，目标是在 2025 年使氢气供应量达到 18 万吨 / 年，2035 年达到 200 万吨 / 年。此外，欧盟和日本积极推进微型联合发电和氢燃料电池示范项目。欧盟于 2012 年启动 ene.field 示范项目，计划在 11 个国家为住宅和商业建筑安装 1000 多个小型固定燃料电池系统。此外，日本实施 ENE-FARM 计划，旨在为建筑提供高效、经济的燃料电池技术。该项目第一套系统已于 2009 年在住宅中首次启用，预计 2050 年将安装 530 万套系统。

（4）电力领域应用

目前，氢气在电力领域的应用微乎其微，未来这一情况有望得到改变。随着电力系统中可再生能源占比的增大，氢燃气轮机和联合循环燃气轮机可提升电力系统灵活性。燃料电池可将氢气转化为电和热并生产水，可实现 60% 以上的电效率。目前，用于固定发电设施的燃料电池技术主要包括聚合物电解质膜燃料电池（PEMFC）、磷酸燃料电池（PAFC）、熔融碳酸盐燃料电池（MCFC）和固体氧化物燃料电池（SOFC）。全球范围内已安装的燃料电池单元数量约 36.3 万个，仅日本 ENE-FARM 项目就为 27.6 万个。日本也成为少数对电力部门使用氢气燃料做出明确战略规划的国家。除燃料电池外，日本、荷兰和澳大利亚正开展将氢气和氨作为燃气轮机和燃煤电厂燃料的研究和试点项目。

五、发展趋势

碳中和进程将推动清洁电力成为一次能源主体，加速全社会能源结构中电气化率的提升[①]。鉴于光伏、风电等可再生能源发电波动性的特征，氢能作为高效能源载体，可替代抽水蓄能水电站和电网升级，实现可再生能源平稳供电。与此同时，氢能已成为无法利用电气化脱碳的产业进行碳减排的重要选项。日本政府《2050 年碳中和绿色增长战略》提出大力发展氢能产业，尤其是氢还原炼铁技术，助力钢铁产业脱碳。欧盟、德国、日本和韩国积极推动氢能在重载运输业（航空、航海、远距离公路运输）中的应用。

国际能源署预计，2030 年全球将拥有 450 万辆氢燃料电池汽车，新建 10 500 座加氢站。国际氢能委员会（Hydrogen Council）预测，到 2050 年，氢能将占全球能源消费总量的 18% ～ 24%，创造 3000 万个工作岗位和 2.5 万亿美元产值，减少二氧化碳排放 60 亿吨。届时，绿色氢能在美国、欧盟、加拿大和中国的能源消费占比将分别达到 14%、13% ～ 14%、30% 和 20%。

鉴于氢能产业覆盖领域广、涉及行业多的全产业发展属性，世界主要国家和地区新近发布的氢能产业发展战略中，大多从氢能产业链角度对未来本国及全球氢能产业发展趋势、科技研发重心、技术应用领域等方面进行部署。

1. 氢制备领域

可靠、经济和可持续的氢气制备是未来氢能产业的发展基础。虽然不同国家的制氢路径存在差异，但可再生能源制氢已成为主流发展方向。欧盟确定其首要任务是扩大利用风能和太阳能进行绿氢制备，将大型电解槽研发作为产业发展重点，日本也注重提升电解槽制氢效率等方面。此外，

---

① 欧盟、法国、日本预计到碳中和节点，电力系统分别扩增 50%、55% 和 30% ～ 50%。

英国和日本聚焦海上风力发电产业，认为其未来的跨越式发展（由 2019 年的 12 GW 增至 2050 年的 300 ～ 450 GW）[①]将解决绿氢制备的能源需求和价格成本问题。

2. 氢储运领域

为保障氢气广泛应用，氢运输可采用多种方式，包括高压气罐、液态储罐和管网运输。日本聚焦氢输运船舶领域，目标在全球范围内率先实现商用，并出口相关设备和关键技术。德国和韩国推进供电、供热和天然气基础设施交叉融合，开展氢能专用管网建设和天然气管网改造工程。在上述方式的基础上，美国创新提出了化学氢载体方式，即通过氢与液体或固体材料的化学结合，实现低压和常温下的大规模氢气运输，该方式具有成本低、运输量大和部署灵活的优势。此外，美国聚焦以储罐和地质储存为主的物理存储和以材料化合物为主的化学存储两个方面，其中，地质储存主要是开发盐洞、油气储层等大规模地质储存。

3. 氢利用领域

氢作为一种无碳化学能源载体，是脱碳难度大、脱碳成本高的行业实现碳减排的主要手段，未来氢能应用主要集中在运输业、工业和能源供给领域。

（1）运输业领域

美国、欧盟和德国侧重于重载运输业，积极推动氢燃料电池和氢能衍生合成燃料在航空、海运领域中应用。例如，美国通过对涡轮机、回流发动机的氢燃烧和燃料电池的电化学过程研究，提升氢能转换效率。韩国和日本聚焦氢动力汽车的市场化推广。韩国计划到 2040 年氢燃料汽车市场规模达 620 万台（国内销售 290 万台，国外出口 330 万台），部署加氢站 1200 座[②]。日本计划到 2030 年国内氢燃料汽车达 80 万台，部署加氢站 900 座。

---

① 资料来源：欧盟委员会，《助力气候中性经济：欧盟能源系统一体化战略》，2020 年 7 月。
② 资料来源：韩国，《韩国氢经济路线图》。

（2）工业领域

通过可再生能源制氢，减少和取代炼油、制氨、甲醇生产所需的大量碳密集氢（灰氢）使用，成为绿氢发展的重要方向之一。钢铁和水泥制造分别占全球温室气体排放的 7%～9% 和 8%，用绿氢替代煤炭并作为减排剂，可大幅减少温室气体排放。日本预计 2050 年全球氢还原炼铁产量为 5 亿吨/年（市场规模 40 万亿日元/年）[①]，计划通过"领跑者"制度促进氢还原炼铁技术发展，确立该技术的世界领先地位。

（3）能源供给领域

以氢能为基础的混合能源系统将成为未来重要的能源供给方式之一。美国提出了 3 类集成模式，即电网—可再生能源混合系统、化石—能源混合系统和核混合系统，并认为通过氢与混合能源系统的集成，在中长期/季节性储能、电网平稳服务、建筑/工业用能、氢基燃料及化学品制备等方面将发挥独特优势。

（执笔人：王　超）

---

① 资料来源：日本，《发展氢和燃料电池技术的战略》，2020 年 9 月。

第十章　深海探测

一、深海探测技术概述

海洋技术是人类认识、开发和利用海洋所应用的技术。海洋技术可分为两大类：海洋环境观测与探测技术和海洋资源开发与利用技术。海洋环境观测与探测技术包含海洋环境观测技术和深海探测技术。海洋资源开发与利用技术包含海洋生物资源开发与利用技术、海洋油气资源开发与利用技术和其他海洋资源开发与利用技术，如图10-1所示。

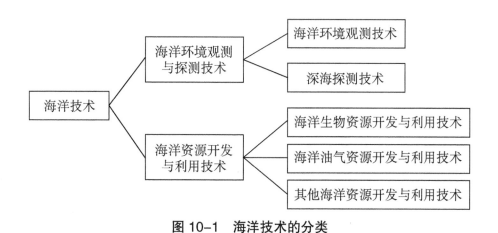

图 10-1　海洋技术的分类

深海探测技术与其他海洋技术领域之间的交叉渗透性强，深海探测技术与海洋环境技术都是建构在海洋通用技术的基础上；在海洋资源开发利用领域，深海生物资源开发利用和深海油气资源开采也与深海探测技术密切相关。在本研究中，深海探测技术主要包含3个技术方向：深潜技术、深海作业技术和深海遥感技术。深潜技术主要包含遥控水下航行器（ROV）、自主水下航行器（AUV）、水下滑翔机、海底空间站等技术，主要解决抵达特定观测地点的交通载具问题；深海作业技术主要包含深海供电技术（长距离输电、大容量锂电池供电）、深海施工技术（钻孔、焊接、搬运、挖沟等）、深海装备技术（多功能机械手、固体浮力材料、照明与摄像）等，主要解决构建深海探测的基础设施问题；深海遥感技术主要包含海底观测网技术（海底多参数探测、网络节点及组网、网络布放与维护、系统控制等）、水下传感器网络技术（网络本身的节点、传感、通信、定位、信息处理、数据挖掘等）、深海高精度探测和定位技术（合成孔径声呐、镜像式层析、长短基线定位导航等），主要解决感知和获取海底信息的问题（图 10-2）。深海探测技术具有很强的跨学科、跨领域属性，涉及信息技术、材料技术、制造技术、能源技术、交通技术和资源环境技术。

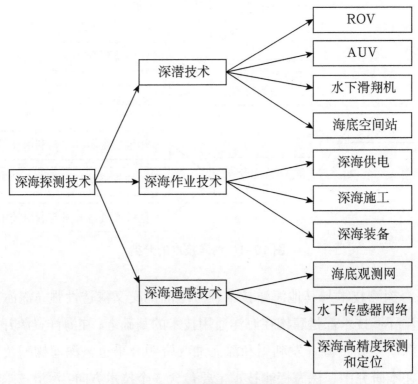

图 10-2　深海探测技术的构成

二、总体发展状况

为了进一步了解国际深海探测技术研发的总体情况，利用文献计量方法对国际深海探测技术的研究力量分布和热点及其变化趋势进行了分析。

（一）概况

SCI-EXPANDED 数据库（SCIE）是美国科学信息研究所 ISI 的科技期刊文献检索系统，SCIE 收录的期刊涵盖了世界范围内各学科领域优秀的科技期刊，利用其索引的科研论文进行深海探测技术领域发展态势的分析评价具有一定的意义。

文献数据按主题检索，检索式为："seafloorobserv*" or "underwaterrobot*" or "autonomousunderwatervehicle*" or "UnderwaterGlider*" or "deepseasolidbuoyancymaterial*" or "underwaterconstruct*" or "underwaternavigat*" or "underwaterpressurebatterypack*" or "underwatertransmi*" or "Underwaterlight*"。

分析数据时段为 2010—2021 年，数据库更新时间为 2021 年 12 月，文献类型为 ARTICLE OR PROCEEDING SPAPER OR REVIEWB，共检索到深海探测技术领域研究文献 9233 篇，专利 4724 件。

（二）论文分析

论文分析包括 3 个部分：第一，论文的整体情况；第二，论文的国家、机构和类别分布，第三，论文的被引用情况。

1. 论文的整体情况

从 2010—2021 年深海探测领域论文的发表情况来看，整体呈现快速增长的势头。2020 年的论文发表数量是 2010 年的 3.25 倍，2021 年的论文发表数量有 25% 左右的回落，如图 10-3 所示。

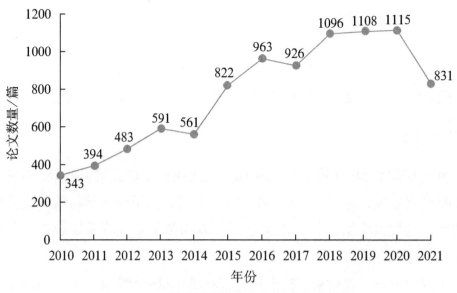

图 10-3　深海探测领域历年发表论文数量

2. 论文的国家、机构和类别分布

（1）论文的国家分布

论文发表数量排名前 10 位的国家分别是中国、美国、日本、意大利、韩国、印度、西班牙、德国、澳大利亚和英国。其中，中国发表的论文数量最多，占总论文发表数量的 30.9%，相当于排在第 2 位至第 5 位的美国、日本、意大利和韩国的总和，如图 10-4 所示。

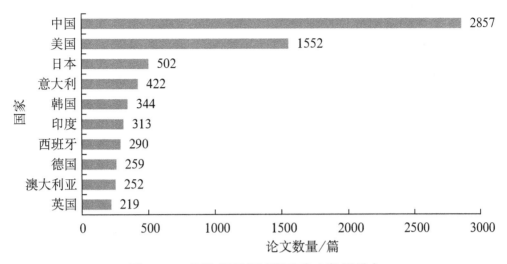

图 10-4　深海探测领域国家发文数量排名

（2）论文的机构分布

论文发表数量排名前 10 位的机构分别是哈尔滨工程大学、中国科学院、西北工业大学、中国海洋大学、浙江大学、天津大学、东京大学（日本）、大连海事大学、赫罗纳大学（西班牙）、伍兹霍尔海洋研究所（美国），如图 10-5 所示。

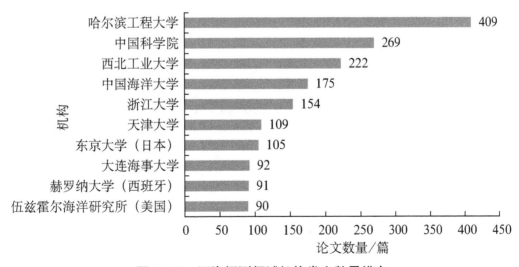

图 10-5　深海探测领域机构发文数量排名

（3）论文的类别分布

论文主要集中在 6 个领域，分别是海洋工程、自动化与控制系统、计算机科学和人工智能工程、电气与电子计算机科学、信息系统和远洋工程。其中，海洋工程论文 1515 篇，约占 23%；自动化与控制系统论文 1245 篇，约占 19%；计算机科学和人工智能工程论文 521 篇，约占 8%；电气与电子计算机科学论文 340 篇，约占 5%；信息系统论文 304 篇，约占 5%；远洋工程论文 296 篇，约占 4%，如图 10-6 所示。

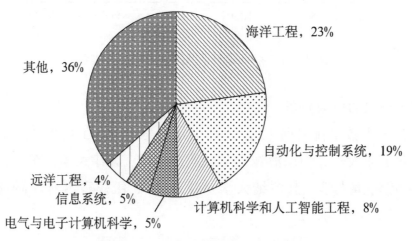

图 10-6 深海探测领域的论文类别

3. 论文的被引用情况

（1）论文被引频次的国家分布

论文被引频次排名前 10 位的国家分别是中国、美国、西班牙、英国、意大利、澳大利亚、韩国、日本、加拿大和德国。其中，中国与美国的论文被引频次接近，远远领先于其他国家，如图 10-7 所示。

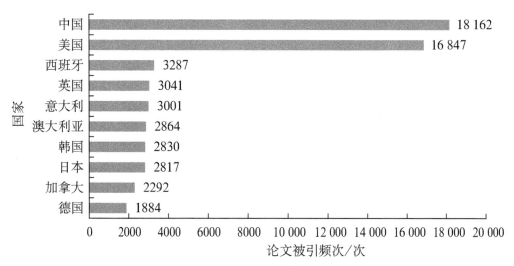

图 10-7　深海探测领域国家论文被引频次排名

（2）论文被引频次的机构分布

论文被引频次排名前 10 位的机构分别是哈尔滨工程大学、中国科学院、西北大学、麻省理工学院（美国）、赫罗纳大学（西班牙）、大连海事大学、华中科技大学、伍兹霍尔海洋研究所（美国）、蒙特利湾水族馆研究所（美国）、上海海事大学，如图 10-8 所示。

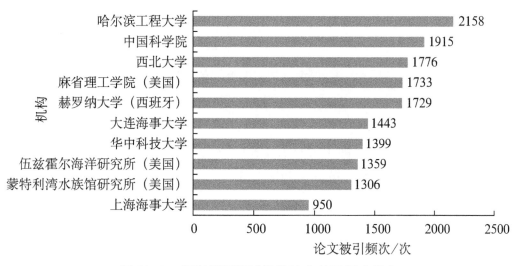

图 10-8　深海探测领域机构论文被引频次排名

（三）专利分析

专利分析包括3个部分：第一，专利的整体情况；第二，专利的国家分布；第三，专利的机构分布。

1. 专利的整体情况

从2010—2021年深海探测领域专利申请情况来看，有两个快速增长的阶段：一个是2010—2013年，另一个是2017—2021年。2021年的专利申请数量是2010年的11倍多，如图10-9所示。

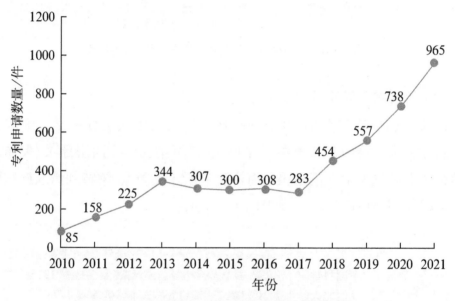

图10-9　深海探测领域历年专利申请数量

2. 专利的国家分布

专利申请数量排名前10位的国家／机构分别是中国、韩国、德国、欧洲专利局、日本、美国、英国、丹麦、荷兰和法国，如图10-10所示。

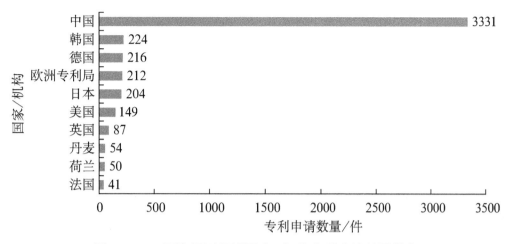

图 10-10　深海探测领域国家 / 机构专利申请数量排名

3. 专利的机构分布

专利申请数量排名前 10 位的机构分别是天津大学、大连科技大学、广东明阳风能、江苏海生龙源风能、中国华东工程、西门子公司（德国）、中国广东电力集团、中国能源建设集团广东省电力设计院有限公司、浙江大学、维斯塔斯风力技术有限公司，如图 10-11 所示。

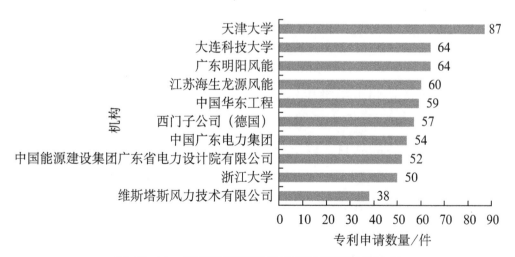

图 10-11　深海探测领域机构专利申请数量排名

三、各国战略部署

（一）美国 NOAA 大洋探索计划

美国 NOAA 大洋探索计划（NOAA Ocean Exploration）是唯一致力于探索深海的美国联邦计划，2020—2022 年，该计划共开展深海探测技术相关研究和科考活动 30 余次。

2022 年，该计划的 5 个代表性项目是：第一，使用机器学习模型寻找沉船地点，使用自主水下航行器（AUV）和遥控潜水器（ROV）探索休伦湖的桑德贝国家海洋保护区；第二，收集查理—吉布斯断裂带、大西洋中脊和亚速尔高原的深水区域信息，包括测绘操作和遥控潜水器（ROV）潜水；第三，使用集成遥控车辆、着陆器和传感器系统探索西佛罗里达斜坡深珊瑚礁上的精细物理、生物、地球化学环境；第四，探索深水栖息地的蓝色经济生物技术潜力，评估墨西哥湾西北部国家海洋保护区的生物制药能力；第五，波多黎各测绘和深海相机演示，填补大西洋美国专属经济区的测绘空白并测试深海相机的操作。

2021 年，该计划的 5 个代表性项目是：第一，使用配备 ADCP 的海洋滑翔机协调同步物理、生物采样；第二，开发两种不同的自主传感器平台——国家地理学会的 Driftcam 和 Teledyne Webb Research Slocum 滑翔机；第三，从佛罗里达州卡纳维拉尔角到弗吉尼亚州诺福克的 NOAA 船舶技术演示；第四，NOAA 海洋勘探和 NOAA 国家沿海海洋科学中心合作创建的阿拉斯加深水空间项目，以支持该地区的深海勘探；第五，对双体遥控飞行器（ROV）Deep Discoverer 和 Seirios 进行改组和整修，包括在水深约 5000 m 的工程中测试潜水。

2020 年，该计划的 5 个代表性项目是：第一，建立并扩大与施密特海洋研究所的长期合作伙伴关系，以探索、表征和绘制深海地图；第二，了解富含矿物质的海洋生物群落中的底栖群落及其生物制药潜力；第三，探索甲烷渗漏如何与海洋系统相互作用，并在海洋蓝色经济的未来中寻找扩展途径；第四，古代海底森林中工业酶和药物化合物的生物勘探，研究其用于医学和生物技术的潜力；第五，探索北美西海岸从不列颠哥伦比亚省到南加州鲜为人知的地区。

（二）英国国家海洋学中心

英国国家海洋学中心（National Oceanography Centre）主要部署和实施英国深海探测项目，2018—2021 年部署的项目主要有：

"气候变化热点和全球海底电缆网络"项目（2021 年）。海底电力电缆可以从海上传输可再生能源，也支持全球数据传输和国际通信。然而，海底电缆和沿海登陆站很容易受到自然灾害的影响，该项目研究气候变化如何影响电缆弹性，并通过绘制全球灾害热点，延长海底电缆的使用寿命。

"SHARC：可再生能源电缆的海底高保真主动监测"项目（2020 年）。通过降低关键基础设施（海底电缆）的故障来提高海上可再生能源发电的运行效率。

"超项目"（2020 年）。将新的地球物理技术（电磁感应和倒置井下地震层析成像）与地表测绘和海底钻探（回收主岩、硫化物、沉积物和流体）相结合，对矿床的 3D 结构和组成及其周围环境进行勘探。主要服务于在海洋深处探索和钻探海底和海底矿物矿床。

"海底采矿和弹性实验影响"项目（2019 年）。研究从近 5000 m 的深海中开发一种多金属结核矿产的方法。

"测量地球上最深海洋中有机物降解的新能力"项目（2018 年）。该项目是为了提高对深海海沟中有机碳降解过程的认识。这个深浅区的深度为 6000 ～ 11 000 m，占海洋深度范围的近一半，但直到最近才被认为是有机碳周转和微生物活动的潜在热点。

（三）日本海洋科学技术中心

日本海洋科学技术中心（JAMSTEC）包含海底资源研究中心、全球海洋数据中心、深海资源勘探创新技术开发项目组等机构。2019 年，该部门承接日本第六次国家科技基本计划中跨部委战略创新促进计划中的"深海资源勘探创新技术开发"项目，将建立海底 2000 m 以上深度的基础和应用研究体系，目标是在下一代海洋资源勘探技术中成为全球的领先者。2021 年，该中心建立了作为国际标准发布的海底资源开发环境影响评估调查方法。

（四）俄罗斯 P. P. Shirshov 海洋研究所

P. P. Shirshov 海洋研究所包含深海载人车辆科学运行实验室、水下视频设备实验室、海底声呐实验室、海底动物实验室、海底生物群落生态实验室等，承接俄罗斯国内和国际深海合作计划的项目。

四、全球研究进展

（一）2020 年深海探测技术的重大进展

1 月，NOAA 启动"下一次刘易斯和克拉克探险"。特朗普总统宣布，美国将完成一项艰巨的任务：绘制比 50 个州的陆地面积总和还大的海底地图。在白宫的强大支持下，NOAA 已准备好前往未知的领域。

8 月，无人水下航行器即将迎来高速增长。专家预计，到 2022 年，无人水下航行器（UUV）全球市场将达到 52 亿美元。这主要是由于对商业海底建设相关应用的需求不断增加，包括勘测、海底测绘和管道检查。即便如此，UUV 的管辖法律制度仍然未知，而国际社会刚刚在监管水域浮出水面，重点是自主水面舰艇。

9 月，海洋在从大气中捕获二氧化碳方面发挥着不可估量的作用，由于研究有限，科学家们不确定每年究竟有多少碳被海洋捕获、储存或封存，以及未来二氧化碳排放量的增加将如何影响这一过程。

11月，中国在深海资源争夺战中打破马里亚纳海沟载人潜水的全球纪录。"奋斗者"号在载有3名研究人员的情况下，下沉了超过10 km，进入了西太平洋的海底海沟。中国已经打破了自己创造的载人潜水纪录。

（二）2021年深海探测技术的重大进展

3月，软机器人到达海洋的最深处。由于其柔软的身体和分布式电子系统，受鱼启发的自供电机器人可以在海洋最深海沟底部的极端压力下生存，并且可能能够探索未知的海洋。

5月，机器人导航技术将探索深海。名为Orpheus的新型潜水机器人将展示一个系统，该系统将帮助它找到方向并识别海底有趣的科学特征。

6月，美国领导并资助海洋数据革命。海洋保护协会和开放数据企业中心（CODE）在2021年5月发布的一份详细报告中分析了美国的海洋数据革命。

7月，Sonardyne Blue Comm直播海洋探索任务。世界上潜水最深的丙烯酸船体载人潜水器将配备Sonardyne的Blue Comm光通信链路，以便在世界任何地方进行深海探险的直播。Triton 7500/3系列潜水器将在REV Ocean上运行，这是世界上最先进的研究船之一，目前正在为挪威同名非营利组织所建造。

8月，可视化海洋采矿取得新进展，尽管深海采矿是一种相对较新的技术，但在海底发现了大量对清洁能源至关重要的金属，如铜、钴和镍。

9月，法国船级社Bureau Veritas为无人驾驶水面舰艇的发展提供了第一个原则性批准（AiP），这标志着无人驾驶船的发展迈出了重要一步。

11月，探索、监测和模拟深海是新的研究目标。得克萨斯大学奥斯汀分校的科学家正试图前往地球上最深的海洋。

（三）2022 年深海探测技术的重大进展

2 月，深海矿区勘探与评价取得新进展，海底块状硫化物矿床提供了铜、锌、铅、金和银的新来源。

3 月，研究提出，深海探测可以帮助我们对抗下一次疾病大流行，深海微生物可能是改进医学诊断和抗击疾病新药的关键，但我们必须搜索地球上最极端的栖息地才能找到它们。3 月，海洋国际空间站网络正在建设中，未来在海底生活和工作成为可能。

5 月，REV Ocean 推出新的深潜载人潜水器（DSV），是一种自行推进的深潜载人潜水器，被命名为 Aurelia，由 Triton Submarines 为 REV Ocean 建造，最终在西班牙 San Cugat 的 Triton 工厂进行组装。5 月，一名离船 1600 多 km 外的岸上工程师成功驾驶遥控潜水器（ROV）探索深海。这项从岸上驾驶 ROV 的测试为深海探索开辟了新的可能性。

7 月，科学家在海底发现 30 个潜在新物种。英国自然历史博物馆的研究人员使用遥控车辆从太平洋中部克拉里昂—克利珀顿区的深海平原采集到新的标本。深海矿井可以将噪声发送到 500 km 外的海洋。深海采矿产生的噪声污染可能会通过海洋辐射数百千米，从表面到海床形成一个"声音圆柱体"。

8 月，海底测绘取得重大进展。勘探船 Nautilus 已经绘制了 Papahānaumokuākea 海洋国家纪念碑 2 万多 km^2 的海底地图。

五、发展趋势

1. 深海探测技术向实时、立体、长时序方向发展

可视化、实时、长时序的深海环境监测对海洋矿产资源的成矿机制、开发环境、环境影响评价等，以及对深海生物及其基因的研究都有重要意义。深入海洋内部观察海洋，在实验室内研究海洋，从视频和网络中学习海洋知识，已成为 21 世纪海洋科学技术发展的新特点和新趋势。

2. 深水油气资源开发技术和装备更加成熟

目前，深水油气勘探与开发不断刷新纪录，随着深海油气和天然气水合物资源的勘探开发逐步向更深的海域推进，深水高精度地震勘探、复杂油气藏识别、深水钻完井技术，以及大型物探船、钻井 / 生产平台、多功能浮式生产储油装置、天然气水合物开发技术装备等深水油气勘探开发技术与装备将成为国际海洋高技术竞争的热点之一，并引导和支持深水油气产业的发展。

3. 深海底矿产资源勘探开发技术日趋成熟，并支持相关产业的形成和发展

深海矿产资源勘查技术向着近海底和原位勘探方向发展，精确识别、原位测量、保真取样、快速评估等技术已成为发展重点。

4. 深海运载与作业技术装备将日趋成熟并获得广泛应用

深海运载与作业平台包括遥控潜水器、自治潜水器、载人潜水器及其组合和配套的作业工具，发展多功能、实用化、高可靠、作业时间长的深海运载和作业平台，并实现装备之间的相互支持和联合作业，支持深海资源环境调查及资源开发，已成为国际深海运载与作业技术的发展趋势。

（执笔人：谢　飞）

第十一章 农业机器人

近年来，经济社会的不断发展对农业作业活动精准、高效、省力的需求越来越高，农村劳动力的日益减少对农业生产机器机械化、自动化和智能化的需求越来越高，计算机、互联网、微电子等技术的发展为智能农业的发展提供了支持，农业机器人技术得到了较大发展，成为现代农业研究的前沿领域。

一、概念及分类

农业机器人技术是现代农业领域近年来发展迅速的一门应用技术，农业机器人是从事农业生产活动的特种机器人，是一种由程序软件控制，以农牧产品为操作对象，兼有人类部分信息感知和四肢行动功能、可重复编程的柔性自动化或半自动化设备。现代的农业机器人集成了机械、电子、监测、光学、计算机、传感器、自动控制、人工智能、图像识别、精密制造、系统集成、仿生学、通信和农业知识等多种前沿科学技术。运用农业机器人可全部或部分替代人或辅助人高效、便捷、安全、可靠地完成特定、复杂的农业生产任务，降低劳动强度，提高劳动效率。

从全球来看，美国、英国、德国等在农业机器人领域处于领先地位。从 20 世纪 80 年代开始，欧美及日本等国家和地区就相继研制出嫁接机器人、移栽机器人和采摘机器人等多种农业生产机器人，并在农业生产活动中对这些农业机器人进行了广泛的推广应用。农业机器人面临非结构、不确定、不宜预估的复杂环境和特殊的作业对象，技术上具有更大挑战性。

因此，一般而言，农业机器人对智能化程度的要求要高于其他领域的机器人，应用进展相对滞后。随着传感器技术、计算机视觉、大数据和人工智能技术的快速发展，农业机器人的硬件设备成本和软件控制算法成本逐渐降低，为农业机器人的发展提供了新契机。

农业机器人的广泛应用改变了传统的农业生产方式，提高了劳动生产率，促进了现代农业的发展。针对不同的工作对象和环境等因素，根据不同的生产要求，农业机器人主要有以下几类：一是针对农作物，有除草机器人、施肥机器人、喷药机器人等；二是针对农产品加工，有挤奶机器人、肉类加工机器人等；三是针对大批量生产，有育苗机器人、粮食收获机器人、种子播种机器人；四是针对矮株作物，有嫁接机器人、水果采摘机器人、扦插机器人等。

二、各国战略部署

机器人技术是高端智能装备和高新技术的代表，对于国家而言，机器人技术已成为衡量国家科技创新和高端制造水平的重要指标。近年来，机器人及智能系统受到各国高度关注，争相出台相关政策，一些发达经济体甚至将其提升至国家战略高度，重点支持相关技术与产业发展。农业机器人及智能系统能够同时适应各种环境，在农业各个领域具有广泛的应用前景，是未来的必然发展方向，受到世界各国越来越多的重视。我国的农业机器人及智能系统与美欧存在较大差距，需要提前布局，抢占制高点。

农业机器人及智能系统是全球科技竞争的战略焦点，各发达国家竞相制定机器人发展重大战略，重点支持相关技术与产业发展（表11–1）。

表 11-1 主要经济体机器人相关战略、规划和政策

主要经济体	发布时间	主要战略/规划/政策	主要内容
美国	2011 年	"国家机器人计划"	目标是建立美国在下一代机器人技术及应用方面的领先地位，助力美国制造业回归
	2013 年	《美国机器人技术路线图：从互联网到机器人》	强调机器人技术在美国制造业和卫生保健领域的重要作用，描绘了机器人技术在创造新市场、新就业岗位和改善人们生活方面的潜力
	2014 年	农业部国家食品与农业研究所（NIFA）农业机器人研发项目	投资 300 万美元用于农业机器人的研发，重点资助方向包括目标识别与算法、相关机器人（分选机器人、温室机器人、园艺机器人）等
	2015 年	"国家机器人计划"	投资 3700 万美元用于推动协作机器人（Co-Robots）的开发与使用，该计划关注了 14 个重点方向，如自治系统、传感和智能感知、建模与分析、规划和控制、认知和学习等方面
	2016 年	第三版机器人路线图《从互联网到机器人》	重点关注机械与制动装置、移动性与操控性、感知、形式化方法、学习与适应、控制与规划、人机交互、多智能体机器人等领域
	2017 年	《国家机器人计划 2.0》	该计划的目标是支持基础研究，加快美国在协作型机器人开发和实际应用方面的进程，建立美国在下一代机器人技术及应用方面的领先地位
	2018 年	《面向 2030 年的食品和农业科学突破》	美国科学院、美国工程院和美国医学科学院联合发布，重点突出了传感器、数据科学、人工智能、区块链等技术发展方向，积极推进农业与食品信息化
欧盟	2010 年	面向作业和林业可持续管理的机器人（CROPS）项目	旨在开发一种高度可配置、模块化、智能化的载体平台，包括模块化并联机器人和智能工具（传感器、算法、喷雾器、夹持器），开发了集中高价值作物（如温室蔬菜、水果）机器人样机，同时在感知及智能传感器融合与学习算法方面开展了大量的研究工作

续表

主要经济体	发布时间	主要战略/规划/政策	主要内容
欧盟	2014年	"民用机器人研发计划"（SPARC）	重点研发制造、护理、交通、农业、医疗等领域的机器人，目标是将欧洲机器人产业占全球总产值比重由2014年的35%提升到2020年的42%
	2016年	"2020地平线"机器人项目	在机器人领域将资助21个新项目，主要面向工业机器人和服务业机器人的开发和应用，投资总额近1亿欧元，执行期2～5年。园艺机器人（TrimBot 2020）作为其中的子项目，主要是利用先进机器人和视觉技术，开发首个户外花园修剪机器人原型
	2016年	《2016版机器人技术路线图》	涉及系统开发集成、人机交互、机电一体化、知觉、导航与认知等6个技术集群
	2020年	"农业机器人"（Robs4Crops）项目	预算为790万欧元，将加速向在欧洲农场中大规模实施机器人技术和自动化转变。项目将证明机器人技术和相关技术为平凡的重复性任务带来的准确性和可行性，从而减少人类对此类工作的需求。项目于2021年1月1日开始，持续4年。将创建一个由3个要素构成的机器人耕种解决方案来应对技术挑战，包括智能机具、自动驾驶车辆和耕作控制器。并讨论法规、机器人伦理和社会经济影响等方面的问题。项目将与法国、希腊、西班牙和荷兰等4个国家的商业农场合作进行。项目侧重于最苛刻和重复性的田间作业，特别是机械除草和喷药防治病虫害
法国	2013年	《法国机器人发展计划》	提出通过政府采购、产学研合作、政府贴息贷款等九大措施促进机器人产业发展
英国	2014年	"机器人战略RAS20120"	投资6.85亿美元发展机器人、自助系统（RAS）和建设机器人测试中心
俄罗斯		《俄罗斯2030年前国家人工智能发展战略》	目标是使其机器人居于世界领先地位，以提高人民生活质量，确保国家安全

续表

主要经济体	发布时间	主要战略/规划/政策	主要内容
加拿大	2015年	《MetaScan3：新兴技术与相关信息图》	指出土壤与作物感应器（传感器）、家畜生物识别技术、农业机器人在未来5～10年将颠覆传统农业生产方式
日本	2014年	《机器人白皮书》	总结了机器人开发的前沿科学技术，探讨了今后机器人的利用、普及，为解决老龄化社会等重大课题，政府将大力推广机器人技术的应用
	2015年	《机器人新战略》	提出三大核心目标，即创造世界机器人创新基地、成为世界第一的机器人应用国家、迈向世界领先的机器人新时代，以及5年战略目标。成立机器人革命协议会，继续保持其机器人大国的优势地位
	2015年	"基于智能机械+智能IT的下一代农林水产业创造技术"项目	该项目的核心内容是"信息化技术+智能化装备"
	2016年	《第五期科技基本计划》	致力于创造领先大变革时代的未来产业和社会变革，加强超智能社会的服务平台基础技术研发，包括机器人技术、传感技术等；灵活利用低成本的ICT或机器人技术等加快农业智能化，以保障粮食的稳定性
	2017年	《人工智能产业化路线图》	预计在2020年前后，实现无人农场和机器人的应用
韩国	2014年	《第二次智能机器人行动计划》	明确要求2018年韩国机器人国内生产总值达到20万亿韩元，出口70亿美元，占据全球20%的市场份额，挺进"世界机器人三大强国"行列
	2017年	《机器人基本法案》	旨在确定机器人相关伦理和责任的原则，应对机器人和机器人技术发展带来的社会变化，建立机器人和机器人技术的推进体系

续表

主要经济体	发布时间	主要战略/规划/政策	主要内容
中国	2013年	《关于推进工业机器人产业发展的指导意见》	突破一批关键零部件制造技术和核心技术，提升主流产品的可靠性和稳定性指标，在重要工业制造领域推进工业机器人的规模化示范应用。到2020年，形成较为完善的工业机器人产业体系
	2016年	《机器人产业发展规划（2016—2020年）》	力争在5年内形成较为完善的机器人产业体系，技术创新能力和国际竞争力明显增强，产品性能和质量达到国际同类水平，关键零部件取得重大突破，基本满足市场需求

我国从20世纪90年代中期才开始农业机器人技术的研发工作，起步晚、投资少、发展慢，与发达国家相比差距还比较大，落后约20年，目前还处于起步阶段。正在研发的农业机器人种类很多，包括播种、收获、植保、耕作及移栽等大田生产农业机器人，嫁接、花卉插枝、蔬菜收获、植物工厂和分拣等设施农业用机器人，以及肉类加工、挤奶、剪羊毛和食品安全等农产品加工与鉴定机器人。但在农业机器人传感测量技术、信息融合技术、系统结构标准化与模块化技术、系统可靠性技术等方面仍有待突破[①]。

三、总体发展状况

（一）论文产出

1. 论文整体情况

农业机器人技术研究论文数量不断增加。2010—2021年，论文数量呈

---

① 邓小明，胡小鹿，柏雨岑，等．国家农业机械产业创新发展报告（2018）[M]．北京：机械工业出版社，2019．

增加趋势，从 2010 年的 159 篇增加到 2021 年的 1403 篇，增加了 7.8 倍。其中，2020 年发文数最高，为 1511 篇（图 11-1）。反映出近年来关于农业机器人技术的研究规模在不断扩大，处于研究的上升期，越来越受到关注。

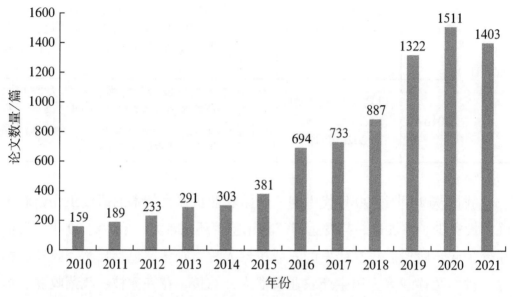

图 11-1　农业机器人技术领域历年发表论文数量（2010—2021 年）

2. 国家发文情况比较

中国的农业机器人研究论文数量在国际上处于绝对领先地位。2010—2021 年，农业机器人相关研究论文来自全球 679 个国家，其中论文数量排名前 10 位的国家依次是中国、美国、西班牙、意大利、日本、德国、澳大利亚、印度、英国、巴西，这 10 个国家的论文数量合计为 7658 篇，约占全球农业机器人论文总量的 73.6%。在这 10 个领先国家中，中国的论文数量最多，为 3654 篇。美国居第 2 位，为 1322 篇，数量为中国的 36.2%。其余 8 个国家的论文数量都在 400 篇以下（图 11-2）。

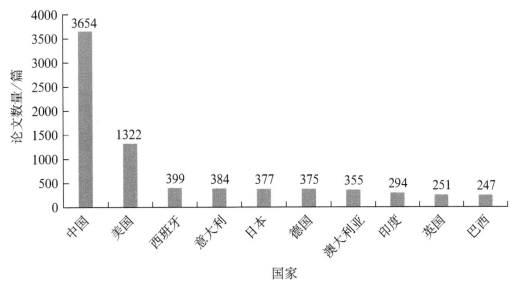

图 11-2　农业机器人技术领域国家发文情况

3. 机构发文情况比较

2010—2021 年，农业机器人技术相关研究论文数量排名前 10 位的机构分别是欧洲研究型大学联盟（162 篇）、中国农业大学（151 篇）、华南农业大学（145 篇）、美国农业部（135 篇）、中国科学院（131 篇）、西班牙高等学术研究委员会（127 篇）、美国加州大学系统（120 篇）、江苏大学（109 篇）、瓦赫宁根大学（108 篇）和华南农业大学（102 篇）（图 11-3）。

4. 高被引论文所属国家

从高被引论文所属国家排名上看，中国、美国分别居第 1、第 2 位，领先于其他国家。其中，中国高被引论文为 275 篇，美国为 199 篇，西班牙居第 3 位，为 118 篇，之后分别是意大利（84 篇）、德国（74 篇）、澳大利亚（73 篇）、英国（49 篇）、荷兰（45 篇）、法国（40 篇）和日本（31 篇）（图 11-4）。

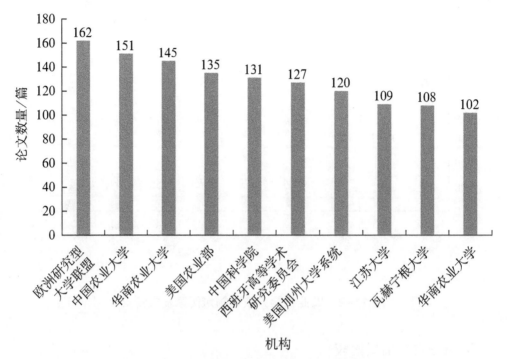

图 11-3　农业机器人技术领域机构发文情况

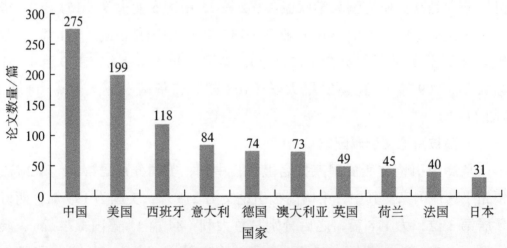

图 11-4　农业机器人技术领域高被引论文所属国家

5. 高被引论文所属机构

2010—2021 年，农业机器人技术领域高被引论文数量排名前 10 位的机构依次是西班牙高等学术研究委员会（59篇）、欧洲研究型大学联盟（40篇）、华南农业大学（36篇）、瓦赫宁根大学（35篇）、西班牙可持续农业研究所（32篇）、美国农业部（29篇）、意大利国家研究委员会（27篇）、马德里理工大学（23篇）、西班牙自动化和机器人中心（21篇）及法国国家农业食品与环境研究院（21篇）（图11-5）。

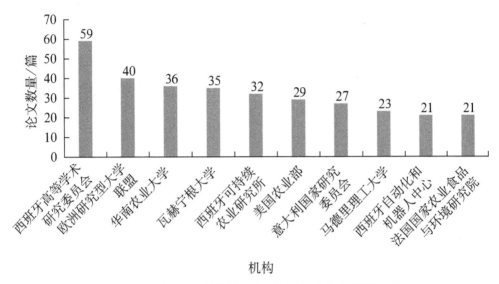

图11-5 农业机器人技术领域高被引论文所属机构

（二）专利产出

1.专利申请与专利公开情况

农业机器人技术专利申请数量不断增加，从2010年的156件增长到2021年的1600件，在2020年达到峰值，为1936件（图11-6）。专利公开数量也不断增加，从2010年的17件增长到2021年的2532件，增长了147.9倍（图11-7）。

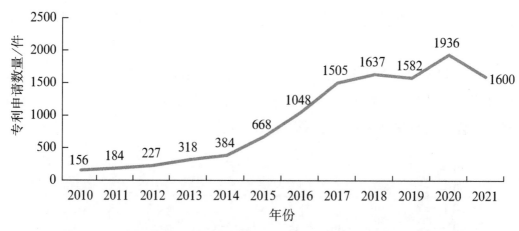

图 11-6　农业机器人技术领域历年专利申请数量（2010—2021 年）

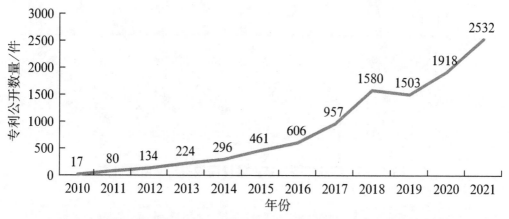

图 11-7　农业机器人技术领域历年专利公开数量（2010—2021 年）

2. 专利申请人国别情况

中国的农业机器人专利申请数量在国际上处于绝对领先地位，共 8666 件。专利数量排名前 10 位的国家依次是中国、美国（582 件）、韩国（290 件）、日本（236 件）、英国（211 件）、德国（190 件）、印度（185 件）、荷兰（178 件）、俄罗斯（153 件）和以色列（82 件）（图 11-8）。

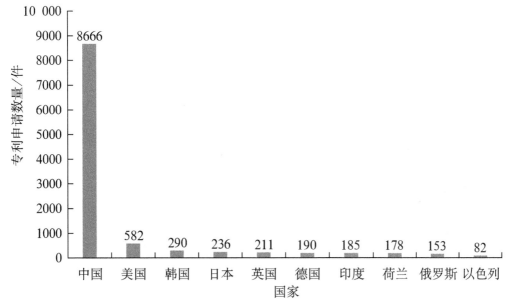

图 11-8　农业机器人技术领域专利申请人国别情况

3. 主专利权人情况

在农业机器人专利申请领域，主专利权人排名前列的分别为西北农林科技大学（209 件）、英国奥凯多公司（155 件）、华南农业大学（93 件）、江苏大学（86 件）、荷兰莱利科技公司（83 件）、中国农业大学（78 件）、山东农业大学（58 件）、瑞典利乐拉伐集团（53 件）、深圳市大疆创新科技有限公司（49 件）（图 11-9）。在中国，农业机器人相关研究仍集中在各大高校，西北农林科技大学、华南农业大学、江苏大学、中国农业大学、山东农业大学等高校的专利申请数量排名较为靠前。企业专利仍然存在申请不足的情况。

从主专利权人专利申请趋势来看，瑞典利乐拉伐集团在 2010—2014 年专利申请量相对比较稳定，2015 年之后在该领域的专利申请数量明显降低。英国奥凯多公司在农业机器人领域专利申请数量从 2015 年起开始增多，2016 年达到顶峰，专利申请数量达 97 件，之后有所下降并保持平稳趋势（图 11-10）。

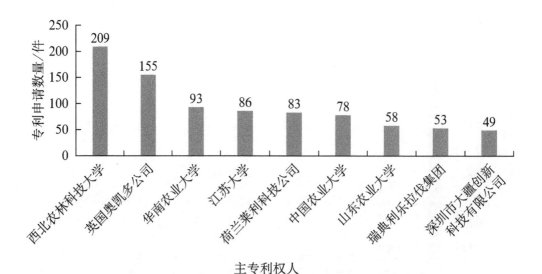

图 11-9　农业机器人技术领域主专利权人排名

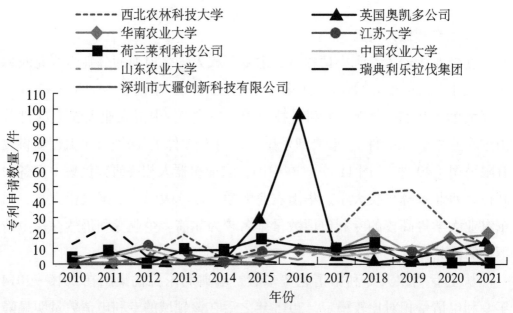

图 11-10　主专利权人专利申请趋势（2010—2021 年）

四、全球研究进展

近几年来，不管是学术界还是产业界都对农业机器人给予了高度关注，如 2007 年美国《时代周刊》将年度最佳发明奖颁发给了丹麦奥胡斯大学研发的 Hortirobot 除草机器人；IEEE 设置了专门的农业机器人与自动化学术委员会；欧盟赞助了 CROPS、Sweeper、MARS 机器人等系列农业机器人项目；我国从 2018 年开始也重点关注农业机器人项目等。除了学术方面，在产业界，农业机器人公司也处于蓬勃发展期，农业机器人的种类也非常多，如采摘、除草、放养、打药、搬运，以及给植物授粉、无人驾驶拖拉机等。据美国商业资讯预测，2020 年农业机器人市场规模为 74 亿美元，2025 年将达到 206 亿美元，复合增长率达 22.8%。根据 Tractica 报告预测，到 2024 年年底，全球农业机器人的年出货量预计达到 594 000 台（2016 年的年出货量仅为 33 000 台），农业机器人收入将达到 741 亿美元。

通常，农业机器人都是基于某种形式的机器人拖拉机平台，由轮式或带式驱动，还有许多由电池、电动机和传动系统驱动。根据机器人的功能，机载传感器包括生物（包括化学和气体分析仪）、水、气象、土壤呼吸或水分、光合作用或叶面积指数（LAI）传感器，以及杂草探测器、植物生长测量仪和湿度计。其他组件还包括摄像机、无线通信、机器人手臂、夜间照明灯、为电池充电的太阳能电池板等。

目前，世界上农业较为发达的国家主要开发出了 6 类农业机器人，分别是除草机器人、施肥机器人、打药机器人、授粉机器人、放牧机器人、采摘机器人等。根据解决问题的侧重点不同，农业机器人大致可以分为两类：一类是行走系列农场机器人，主要用于在大面积农田中进行作业；另一类是机械手系列机器人，主要用于在温室或植物工场中进行作业。我们重点结合机器人在农业中的一些重要功能和用途梳理全球农业机器人研究进展。

1. 采摘机器人

Abundant Robotics 公司研发了苹果采摘机器人，不同于传统农业机械设备用机械爪进行水果采摘，易对水果造成损伤，该机器人通过机器视觉技术可以准确识别树上已成熟的苹果，并用类似真空吸尘器的机械前端将苹果从树上吸下来，从而避免损伤苹果和果树。机器人可以在夜晚借助灯光采摘苹果，实现 7×24 小时不间断地工作，极大地提升了工作效率。果农可以通过图像工具实时查看水果的生长情况，远程操控机器人进行水果采摘。机器人采摘苹果的速度达到平均 1 个 / 秒。

荷兰 Priva 公司与荷兰种植户、技术合作伙伴和专家共同研发推出了可独立在温室内移动行进的摘叶机器人 Kompano，可全天候对番茄植株进行摘叶操作。在智慧算法和已获专利的末端执行器的支持下，这款机器人每周作业面积达 1 公顷，准确率超过 85%。这款机器人已在荷兰的多个温室进行试验，并准备将其投入生产。据悉首批生产 50 台，第一批机器人已经交付种植者使用。此外，Kompano 生产线未来还将农业机器人业务拓展至黄瓜摘叶及番茄和黄瓜采收。

2021 年 9 月，荷兰工业企业 VDL 集团联手荷兰园艺企业 Bosman Van Zaal 推出 CropTeq 摘叶机器人，专注于解决黄瓜植株的自动化摘叶工作。在荷兰，黄瓜有两种种植方式：传统种植（伞形栽培）和单杆整枝高空吊蔓栽培。相较于传统种植方式，后者的优点是产量更高（最多可增加 50%）及产品质量更佳；缺点是易感染病毒且人工成本更高。这款机器人的作业范围是在高空吊蔓栽培的黄瓜植株中进行摘叶，未来还将继续探索其在番茄等其他吊蔓栽培作物中的应用。这款机器人单臂每小时摘叶 1000 片以上。2021 年 9 月进入最后整体测试阶段，2021 年第四季度进入市场。

2021 年 10 月，日本农业科技公司 Inaho 在荷兰番茄大世界（Tomato World）展示使用其番茄采摘机器人。这款机器人的主要特点有全自动化采摘零食番茄、AI 算法根据果实颜色和大小识别成熟度、一次充电可使用 12 小时、可昼夜工作。Inaho 在日本种植者中对这款机器人进行田间试验，并通过在夜间劳作证实其可将人力劳动减少 16%。

美国温室公司 Appharvest 2021 年上半年收购了农业机器人公司 Root

AI。Root AI 采收机器人 Virgo 可以在室内和室外运行，但重点是在受控环境农业中的应用。公司在过去 3 年里收集了大量番茄图像的数据，使这款机器人可以在不同种植环境下识别 50 余种番茄品种的成熟阶段，借助红外摄像头生成特定区域的 3D 彩色扫描图像并进行评估，判断番茄理想采收时间。目前，AppHarvest 番茄采收机器人在荷兰鲜食产品公司 Greenco 温室中使用，优化其在温室中的表现，有望在 2023 年投放市场。

在欧盟"地平线 2020"计划资助下，多方开展了系列农业机器人研究项目。荷兰、比利时、瑞典和以色列 4 个国家科研人员组成的研究团队对农业机器人开展广泛研究和试验，其研究成果是 Sweeper 甜椒采收机器人。这款机器人旨在解决农业劳动力短缺问题，借助计算机视觉技术判断甜椒成熟度，可实现较为精准的采摘操作。采摘一枚甜椒仅需 24 秒，每日工作时长可达 20 小时，准确率超过 60%。有望在 3 ～ 5 年内推出商业版。

荷兰高科技工业自动化集团 Kind Technologies 旗下的 Crux Agribotics 公司通过发展视觉和机器 / 深度学习软件，在农产品自动分级、分类、包装等领域提供解决方案。除可用于黄瓜、番茄等产品的自动分级装置外，公司还在研发基于视觉技术和机器学习的黄瓜采摘机器人，通过扫描、采收，根据位置和大小等详细的 3D 信息，在没有人工干预的情况下，将黄瓜在采收后自主运输至包装区，实现从采收到包装的全程自动化处理。包装系统根据不同的包装或产品要求多线操作，生产线自动进行质量检测并且同步判断作业机器人的工作量。带有视觉系统的机器人还可在温室检查作物及叶片情况，并在必要时修剪叶片，优化植物生长。摄像头和传感器将捕获到的数据传达给种植者，种植者可以根据获得的作物信息预测产量。机器人途径作物时还可在早期持续检测病害情况。

2. 授粉机器人

荷兰代尔夫特理工大学 Robohouse 研究中心的研究人员研发了 DelFly 蜜蜂机器人，研究人员通过复制果蝇的一些复杂的翅膀运动模式和空气动力学特征，创造了类似蜜蜂的无人机来为植物授粉。DelFly 机器人的翅膀以每秒 17 次的频率扇动，从而产生所需的升力，以保持其在空中飞行，并通过机翼运动的微小调整来控制飞行姿态。这种新型无人机的最高时速可达 24 km。与直升机式的叶片相比，它的飞行效率更高，这意味着它们的电池续航时间也更长。这种机器人可以安装空间传感器，自动地从一株植物飞到另一株植物，并且在飞行过程中避开彼此和其他障碍物。

3. 除草机器人

美国 Carbon Robotics 公司开发的农业机器人每小时可以清除 10 万株杂草。机器人内置 AI 技术，装备 12 个高清摄像头，摄像头瞄准庄稼，图像传到 AI 系统，可以瞬间判断植物是庄稼还是杂草，如果是杂草就会用激光消灭。

欧洲 Ekobot AB 公司也在开发除草机器人，使用 5G 网络，利用机载传感器（包括多光谱相机和土壤探测器）收集数据，可以识别杂草并自动清除。数据会存储下来进行云处理，农民可根据数据分析土地状况，然后将指令发送到机器人。农民可以远程操纵 Ekobot AB 机器人，这样对数据传输有更高的要求，所以才会用到 5G 网络。

瑞士 ecoRobotix 田间除草机器人通过精确喷洒除草剂来削弱农用化学品的复杂性，除草剂使用量降为传统方式的 1/20。该机器人完全实现了自动化运行，无须任何人工操作。由一系列太阳能电池板提供动力，机器人利用 GPS 导航来跨越田间，每天工作时长可达 12 小时。该机器人的重量只有 130 kg，远轻于传统农业机械设备，最大限度地减少了机械对土壤的破坏。通过使用该机器人，可以为农场主节约 30% 的相关费用。

4. 施肥机器人

比利时根特大学（University of Ghent）的科学家开发出一种多功能农业机器人，从土壤分析到喷洒，一切都由机器人自动完成。机器人很小很轻，相较于重型机器，它们不会给土地"带来很大的压力"。可以通过多种方式耕作土壤，如播种、施肥和喷洒，在正确的地方精确施肥。机器人是研究人员购买的，但软件是自己编写的，科学家将精准耕作与现有农业机器人结合在一起。该机器人与农田均匀施用氮肥相比，每公顷可为农民节省约 50 欧元，和现有技术相比，节省了一半以上的成本。

5. 打药机器人

2021 年 6 月，XAG 公司在日本推出 R150 无人操纵纯电动机器人。R150 由一款移动应用程序控制，可以精确喷洒作物，防止害虫或疾病，还可使用 R150 给瓜类作物喷水。

爱尔兰农药喷洒技术公司 MagGrow 致力于解决农药漂移的问题，公司拥有一项特有的专利技术——MagGrow 系统，该系统使用永久性稀土磁体产生电磁荷，对农药液滴进行磁化处理，使之更容易附着在作物上，可以显著减少农药雾滴漂移和液滴覆盖范围。经实验室和田间试验表明，该系统可以达到 85% ～ 95% 的黏附率，减少 65% ～ 75% 的农药使用，并可以使作物产量提高 20% ～ 40%。

6. 其他种类机器人

美国加州 Iron Ox 公司生产农业机器人主要是将机器人与水培系统结合，减少对水资源的消耗，其生产的农业机器人消耗的水比传统农场少 90%。Iron Ox 在加州 Gilroy 建了一个面积 930 m^2 的农场，无人操纵机器人负责移动托盘，机器人手臂举起托盘然后检查，传感器会分析水的氮和酸度水平，以确保作物健康生长。

乔治亚理工学院发明的 Gohbot 农场机器人是一款可以智能行走于一个商业化禽舍的机器人，它可以与鸡只互动，并执行一些任务，如捡起地板上的鸡蛋。Gohbot 搭载了人工智能程序和一套传感器，包括 2D 和 3D 的电子图像记录器及支持其在禽舍内行走的基础结构。人工智能程序可以让机器人辨别鸡只、设备及定位地板上鸡蛋的位置。

2018 年，美国伊利诺伊大学的斯蒂芬（Stephen P. Long）教授团队研发了土壤与作物信息采集机器人。这款机器人配备了高光谱、高清的热成像相机、天气监视器及脉冲激光扫描仪传感器，这些设备可以收集植物的茎秆直径、高度和叶面积等的表型数据，以及作物的环境条件信息，如温度和土壤含水量。它收集的数据会存储在机器人自己的集成计算机里，再传输到研究人员的电脑上，可以使用此信息来为每一株植物建立一个 3D 计算机模型，以预测其生长和发育，从而估计该单株植物和整个作物的产量。

美国软体机器人公司 Soft Robotics 研发的软体机器人可以应用在食品饮料、制造、电商等多种场景。软体机器人系统由软体机器爪、控制系统和软件组成，机器爪由空气驱动，在抓取物体时，全程无须计算机视觉系统或任何预先编好的程序来识别物体，可以根据物体形状自动调整机器爪的形态，特别适合易碎、不规则的物体，如鸡蛋、水果、蔬菜、不规则的零件等。

2019 年，中国福建首款巡检机器人在 5G 环境下的蔬果大棚开始全天候自动巡检，实时采集作物环境的图片、图像信息，并通过实景巡检平台进行云端协同的可视化分析，标志着巡检机器人进入实际应用阶段。

2020 年，美国康奈尔大学的科学家受到蚯蚓的启发，研发出了土壤分析农业机器人。此款机器人长度在 30 ～ 60 cm，前部类似螺旋钻，能够钻进土壤中，后部会反复向前滑动，将排出的污垢堆积在最终通道的壁中。当机器人钻入土壤之后，可以确认土壤的密度。同时，集成传感器将测量土壤的温度和湿度。另外，光纤电缆可用于对土壤中的植物根部进行成像，并测量微生物活动及根部释放的碳化合物水平。由于无线电波不能很好地穿过尘土传播，因此所有数据都将被记录在机器人系统中，以备后续检索。

五、发展趋势

随着 5G、云计算、人工智能等新一代信息技术与先进制造、农业技术的深度融合，农业机器人技术瓶颈将不断突破，农业机器人的兴起正逐渐成为国内外前沿科技研究的重点。

1. 向多环节、多功能化发展

各国和大型企业在农业机器人和自动化领域投入了大量经费，标志着农业领域结构性变革的开始。但是现实中,从技术角度来看,农业机器人尚未发挥其潜力,因为它们常常被作为一个独立单元使用,而不是作为完整的创新机器人系统的一部分使用。农业机器人的设计和发展只局限于农业生产的某一环节,功能相对单一,造成农业机器人的应用周期较短,利用率较低。从非技术角度来看,在当前的耕作方式中,农业机器人的数量还不多,并且基本没有联网运作。未来应加大对机器人多样性操作的设计和开发,使机器人能应对不同作物的多种指令,提高生产效率和利用率。

2. 向智能化、无人化发展

智能化已经成为未来农业机器人发展的必然趋势。智能化机器人的决策分析能力更强、适应性更强,且操作更简单、控制更精准、效率更高。配合人工智能技术的发展,无人拖拉机、无人插秧机、无人联合收割机、植保无人飞机等已经实现了一定程度上的应用。在新的农业生产模式和新技术的应用中,农业机器人作为新一代智能化农业机械,能够实现路径规划、智能避障、精准定位和稳定控制、自主行走和自动作业,必然会要求对视觉和非视觉传感器技术、图像采集和处理的算法等进行更深入的研究,从而提高其辨识和避障能力,降低损伤率,真正代替人类实现智能化、高效化、精准化作业。

3. 向绿色低碳节能方向发展

机器人在运行过程中会消耗大量的电能,这将引起煤炭等传统电力资源的消耗,而且在电力不足的情况下,会极大降低机器人的工作效率和可靠性。因此,要对耗能系统加大研究力度,降低机器人的运行功率,还可以加大对自然环境中太阳能、风能的利用,从而达到节能的目的。

4. 向普及化、可操作化发展

目前,我国农业作为第一产业,生产利润率较低,农民对于农业机械的可投入资金有限,因此,要加大科学技术普及力度,降低农业机械生产成本,并结合推广和补贴政策落地,推动农业机器人的普及化。农业机器人的操作主体是农民,随着城镇化的迅速发展,农村剩余劳动力质量偏低,知识水平和操作能力有限，因此，要求农业机器人的操作维护简单、可靠性高。

5. 更多种类的农业机器人将实现商业化

农业机器人的发展已从早期的平坦陆地扩展到复杂地形、水中和空中领域，由最笨拙复杂的结构发展到轻盈先进的现代化农业机器人，5G 网络的出现，以及物联网和人工智能、GPS 等技术的普及应用，使得机器人的智能化程度得以飞速提升，农业机器人的市场正在迎来快速增长阶段。大量成熟企业和初创企业正在开发、测试或发布能执行各种任务的农业机器人系统，以期将其应用到无人驾驶拖拉机、无人机、物料管理、播种和森林管理、土壤管理、牧业管理和动物管理等方面。据英国 IDTechEx 分析报告显示，到 2023 年前后，除草机器人、蔬果采收机器人等将逐渐开始上市，未来会有更多种类的农业机器人实现商业化。

（执笔人：尹志欣）